焙烤食品加工技术手册

余养健　方金山　主编

金盾出版社

内 容 提 要

随着现代食品加工技术的不断创新,焙烤加工业已逐渐成为经济发展中的一个独立产业。本书重点介绍焙烤食品加工实用技术,包括焙烤食品的沿革与经济意义,肉类制品焙烤加工,水产品焙烤加工,面包糕点焙烤加工,蔬菜瓜果焙烤加工。

本书内容新颖,技术先进,可操作性强,有助于广大读者掌握焙烤食品加工技术,开辟创业致富门路,对院校食品加工专业有关师生和科研人员有一定参考价值,亦可作为职业技术院校培训教材。

图书在版编目(CIP)数据

焙烤食品加工技术手册/余养健,方金山主编 . —北京:金盾出版社,2017.7

ISBN 978-7-5186-0817-1

Ⅰ.①焙… Ⅱ.①余… ②方… Ⅲ.①焙烤食品－食品加工－技术手册 Ⅳ.TS213.2-62

中国版本图书馆 CIP 数据核字(2016)第 053207 号

金盾出版社出版、总发行

北京太平路 5 号(地铁万寿路站往南)

邮政编码:100036 电话:68214039 83219215

传真:68276683 网址:www.jdcbs.cn

封面印刷:北京印刷一厂

正文印刷:双峰印刷装订有限公司

装订:双峰印刷装订有限公司

各地新华书店经销

开本:850×1168 1/32 印张:10 字数:266 千字

2017 年 7 月第 1 版第 1 次印刷

印数:1~4 000 册 定价:33.00 元

编　委　会

主　　任　周和嵩

副 主 任　黄孝英　陈显勤

主　　编　余养健　方金山

副 主 编　刘春雷　方　婷

主　　审　彭　彪　丁湖广

编 著 者　(排名先后不分主次)

林晓宏　肖祖仕　曾顺平　吴凌杰

江剑峰　叶建洪　曾信城　杨群英

黄爱莲　江婷婷　江妤霞　江国志

周贵香　陈球发　陈少华　倪桂霞

倪可伦　王锦富　李　娟　林秀惠

陈　风　陈　巍　叶锦蕊　李　丹

贾　娜　蔡彬新　周逢芳　肖吓俤

刘爱芹　肖鲁婷　林雄平

组编单位　福建省古田县人力资源和社会保障局

序

我国焙烤食品加工技术历史悠久,早在公元前4000多年前,原始人群就利用石器击毙飞禽走兽,以明火烧烤食物进食。几千年来,各种焙烤食品加工技术不断创新,被广泛应用在肉制品、水产品、水果、蔬菜等焙烤加工领域。如今焙烤加工已成为我国经济发展中的一个独立产业,进入一个新的繁荣时期,不但拓宽了农产品的销售渠道,而且广开城乡就业门路,加速了全面实现小康的步伐,其经济意义远大,发展前景可观!

党的十八大报告中指出:"就业是民生之本。要贯彻劳动者自主就业,引导劳动者转变就业观念,鼓励多渠道多形式就业。加强职业技能培训,提升劳动者就业创业能力,增强就业稳定性。"作为实施"阳光工程"的政府职能部门——福建省古田县人力资源和社会保障局,全方位服务地方经济发展,围绕现代农业新技术,以着力培养新型职业农民、加快农村劳动力转移为目的,面对农村现实需求,选择食品类农产品为主要原料的焙烤食品加工为内容,组织编成《焙烤食品加工技术手册》一书,意在帮助城乡创业人员广开门路,同时帮助焙烤食品加工爱好者掌握日常焙烤食品加工方法,丰富日常家庭餐桌。

本书编写过程中得到了相关部门和专家的支持,其间由古田县老科技工作者协会丁湖广高级农艺师牵头,联系省内外专家参与,广泛收集焙烤食品加工技术资料,通过分类、对比筛选,既保留传统焙烤技术的特点,又注重技术创新和食品质量安全,通过系统整理成表格形式,并配以部分图解,使内容通俗易懂、一目了然。希望本书的出版有助于各地开展新型职业农民技能培训,开拓创业致富门路,推进社会主义新农村建设,加快经济发展方式转变,为实现全面建设小康社会目标做出积极贡献!

前　言

　　焙烤在《现代汉语小词典》中解释为：焙，用微火烘；烤，将物体接近火使熟或干燥。焙烤食品系我国劳动人民对农、林、牧、渔、副产品加工的一种发明。

　　我国地大物博，自然条件优越，为焙烤食品加工提供了丰富的原料。随着社会进步和人类文明的发展，焙烤加工技术被广泛应用于肉类制品、水产品、粮食、瓜果、蔬菜等加工领域。

　　如今焙烤加工业已成为我国经济发展中的一个独立产业，进入一个新的繁荣时期，涌现出琳琅满目的名特产品，为人类带来了丰富的物质享受，尤其是该产业的发展，有效解决了农产品产后销售难题，又为城乡人民开拓了更多的劳动就业门路，其意义深远。

　　本书根据市场发展需要，广泛收集国内传统焙烤产品加工技术和焙烤新品种制作工艺，并通过系统整理编著而成，希望能为广大读者提供有益的参考。

　　本书在编写过程中参考和引用了不少资料，得到了有关部门领导和专家的支持，在此一并表示感谢！

　　由于时间仓促，加上作者水平有限，书中不当之处在所难免，敬请广大读者批评指正。

目录

第一章 焙烤食品的沿革与经济意义

一、我国焙烤食品加工技术演变

1. 焙烤食品加工对象

从广义上讲,焙烤食品是指通过火或电热能把生鲜食物焙烤至干燥或熟,其生鲜食物泛指畜牧业的猪、牛、羊、鸡、鸭、鹅、兔等的肉类和农林业的粮食、豆类、水果、蔬菜,以及渔业的鱼虾、海藻等产品。从狭义上讲,焙烤食品除上述食品原料外,还包括粮食原料加工成的米粉、面粉、杂粮粉,再通过发酵调成面团,加工焙烤成花样各异、不同风味的面包、糕饼、点心等。焙烤是一种加工手段,包括烘、焙、烧、烤、熏。焙烤设备包括传统的炉、灶、焙笼和现代的烘干机,以及烤炉、烤箱。

2. 焙烤食品加工技术源流

焙烤食品源远流长,郭沫若的《中国通史》记载,公元前 4000 多年前,原始人利用石器击毙飞禽走兽,并以明火烧烤食物进食。这种原始的明火烤肉方式被蒙古族沿用至今。在一望无际的草原上星罗棋布的蒙古包里,牧民们在放牧归来之后,把拾来的枯枝干柴放在铁灸子之下,将新宰杀的牛、羊剥去皮,用刀把肉切成大片放在灸子上翻烤。

烤肉源自蒙古,至今仍然叫"蒙古烤肉"。而北京城里也出现过"北京烤肉"。据《佐餐的典故》记载,清代道光年间,一位北京人季德彩常去蒙古做买卖,看到蒙古烤肉的风味好,很受欢迎,便在京城什刹海北岸银锭楼荷花湾摆了一个烤肉摊子。季德彩的烤肉摊吸引了不少京师人士前来品尝,食者交口称赞。清朝摄政王载沣的府邸就在什刹海的后海,每天退朝,轿子出神武门到后海,天天能闻到烤肉香味,为肉香所动,便喝令下轿来到摊前吃烤肉,亦连呼美味。从此宫里的官员也纷纷而至,宫中喜食烤肉的后妃们也常召唤季德彩进宫烤制,从此烤肉口碑载道。1927年,季德彩传承人季宗斌继业,在临河搭棚烤肉,后买了一幢小楼供京都诗人画家登临品尝,诗人们纷纷以烤肉为题欣然命笔,后来连袁世凯也携带家眷来此吃烤肉,至此,季字号烤肉名传京城。

焙烤食品每一个品种的创造背后都会有一个感人的故事和美丽的传说,如四川"灯影肉牛干",始于清朝光绪年间,是由四川梁平县人刘仲贵创制的,原料选用牛后腿肉,剔除筋络,沥血晾干后,切成薄片,加入麻油、花椒、姜、盐、八角等调味料,放入铁筒中下锅蒸,蒸后经火烤至熟,因其色泽红亮,肉薄透明,在灯前照看,好似民间牛皮灯影,故而得此名。

3. 焙烤技艺沿革

古代烧烤除用明火烤肉外,还采集新鲜野菜、野果和菇菌类食物,焙烤成干品,以便常年贮藏、食用。这种焙干加工方法始见于明代文震亨的《长物志》。后来菇农在焙烤工具上创造了一种焙笼,这是古代焙烤工具的一大发明。焙笼用竹篾条编织而成,呈圆筒形,高约90厘米,上端口径为65厘米,下口径为55厘米,两端相通,中间偏上处直径大,距上口约30厘米编有一个托格挡,用以摆放鲜香菇的焙筛。笼身用双层竹篾编织,中间填砻糠牛皮纸或木屑等作为保温层,以利保温。木炭做干燥的热源,烧红后盖草木灰,罩上焙笼,然后将鲜香菇放置在焙筛上。古代竹编焙笼如图1-1所示。

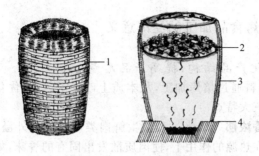

图 1-1 古代竹编焙笼

1. 外观 2. 焙菇筛 3. 保温层 4. 热源

这种竹编焙笼被广泛应用于水果、蔬菜、茶叶、药材等的烘焙,后来人们又研究采用木板和铁框混合制成烤箱,内设多层烤盘架梁和烤盘。简易烤箱如图 1-2 所示。

肉食焙烤技术也在不断创新。烤鸭为中国焙烤食品的代表作,而其中"挂炉烤鸭"更是技高一筹。它始于清朝同治三年(1864 年),挂炉原是清宫御膳房里用来烤制奶猪和烤鸭的灶具,是用砖砌成的一个特制炉灶。灶

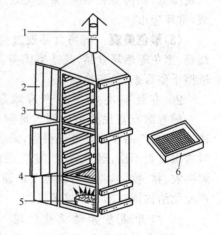

图 1-2 简易烤箱

1. 排气筒 2. 门 3. 烤盘架梁
4. 框架 5. 火盆 6. 烤盘

底燃烧口放木材将其点燃,热力射到炉顶、炉壁,然后反射到挂在炉膛上方转动的奶猪和鸭上,从而将其烤成外皮酥脆、里面香嫩的焙烤制品。

二、焙烤食品加工的经济意义

1. 优化产品结构，提高产品质量

食物原料通过焙烤加工，从本质上改变了风味，优化了产品质量，具有三大特点。

(1)味香浓郁 焙烤过程使生鲜肉类脂肪油化外溢，部分融入肉质内，在热源的作用下，使肉质散发出固有的香味，如香菇通过焙烤使菇内的月桂香散发出来。

(2)利于贮藏 焙烤食物通过热源渗透，把原有水分排出，含水量降低，如肉类和瓜果、果蔬类焙烤至含水率达13％时，利于贮藏，常年应市。

(3)形色美观 焙烤食品通过整形，使其体态优美，如烤鸭、烧鸡、熏兔等焙烤食品，其造型优美，色泽金黄。面点类焙烤食品造型千姿百态，色彩艳丽。

2. 有效解决农产品产后难题

随着国家富民政策的深入贯彻，农、林、牧、渔业生产发展迅速。然而，产品收成季节性很强，采收高峰期产销矛盾更显突出，时常因货卖不出，导致霉烂、变质而产生损失。焙烤加工可有效解决农、林、牧、渔业产后的焦点难题，因此，发展焙烘业成为农业产业化结构调整的一个好项目。

3. 广开城乡劳动就业门路

焙烤食品加工业潜力很大，通过焙烤加工业的发展，使更多农村劳动力转移到加工业，也让城镇待业人员多了一条创业的门路。

三、焙烤食品产业发展前景

1. 焙烤原料资源丰富

我国地大物博，自然的生态条件为农、林、畜、渔业的发展创

造了良好条件,尤其是改革开放以来,生产力不断提高,焙烤食品的原料更加充足,并逐步建立规范化生产基地,如菜牛养殖场,商品猪养殖基地,群鸡养殖场,淡水鱼养殖场,果、蔬、菇菌等种植业生产发展较快。上述种养产业的发展为焙烤食品加工业的发展提供了前提条件。焙烤食品原料资源如图1-3所示。

(a)　　　　　　　　(b)

(c)　　　　　　　　(d)

图1-3　焙烤食品原料资源
(a)畜牧　(b)水产　(c)果蔬　(d)菇菌

2. 焙烤技术完善成熟

焙烤食品通过发掘和精选传统制品自身的内涵,利用现代科技理念与西式加工技术进行整合,使焙烤食品加工产业与时俱进,不断开拓创新。畜禽肉类和果蔬菇菌的焙烤加工技术在保持传统加工特色的基础上,通过焙烤设备的创新,使产品质量优化,焙烤食品加工技术进一步提高到一个新的水平。

在传统的糕饼加工技术基础上,引进了西式面包、蛋糕等加工技术。伴随焙烤机械的出现,糕饼焙烤技术进一步完善,构成了从原料配方、面团发酵、产品造型、裱花装饰、焙烤成品的技术集成。

3. 焙烤产品市场广阔

市场需求是指一定的顾客在一定的地区、一定的时间、一定的市场营销环境和一定的市场营销计划下,人们对某种商品或服务意愿而且能够购买的数量。随着人们生活水平的提高,焙烤食品也由过去限于传统节日消费,转向生活常态化消费。烤鸡、烤鸭、肉脯等以味美、质优、方便而成为百姓餐桌上不可或缺的食品。从 21 世纪开始,人均年消费肉类达 25.3 千克。焙烤食品由消费数量型向质量型转变,品种由单一向多元化、优质化转变,市场消费方式发生了新的变化。如今大、中、小城市几乎遍布西点名店,并在全国连锁经营,形成了庞大的营销网络,适应民众消费。如今商务洽谈、亲人生日、朋友聚会和假日休闲,西式餐厅成为时尚好去处,生意十分红火,焙烤产品市场越来越宽阔。

4. 焙烤产业经济效益可观

焙烤食品加工是一个生产规模可大可小的产业,而对小型企业尤为适合。经营体系可以为集股联营办厂,也可以是单家独户作坊加工,比如开一家烤鸭店,专营烤鸭加工,或是开一家专业西点店都可以。

焙烤食品加工产业的投资视规模大小而定。由于经营品种类型不同,其经济效益有一定差别。这里以菇类焙烤加工业为例进行介绍。小型企业利用房前屋后,搭盖简易加工场,面积 600 平方米左右,购置 PF 节能烤干机 1～2 台,总投资 3 万元。每台每次焙烤鲜菇 250～300 千克,以日加工菇类干品 200 千克计算,每千克收取代加工费 3.6 元,除燃料、电耗、机损、工资等 2.6 元外,每千克盈利 1 元,月加工量 6000 千克,可获利 6000 元,5 个月即可收回投资,其余时间均为利润,之后每年利润 7 万～8 万元。

如果开一家小型糕饼焙烤店,只需购置一台中型糕饼专用烤机和配套设施烤盘、排架、工具等,总体投资 5 万元,从业人员 2 人。每天原料用量面粉 30 千克,配合其他材料,焙烤杏仁饼、蛋糕、炒米糕、香酥饼干等,其成本 400 元,产值 800 元,投入与产出比为 1∶2,其利润 400 元,一年利润 10 万元以上。办一家小型烤鸭店,只需购置一台烤炉及配套设备等,投资 1.3 万元,每只烤鸭一般可获利 5 元,日烤量 20～30 只,可获利 100～150 元,一年可获利 3 万～5 万元。

第二章　肉类制品焙烤加工

一、肉类焙烤产品分类

随着生产发展和焙烤加工技术不断创新,肉制品的花色品种繁多,形态与味道各有千秋,仅名、优、特制品就有 500 多种,根据我国肉制品的特征和产品加工技术分类,可分为烧烤制品、熏烤制品、腌腊制品、干态肉制品等。

1. 烧烤制品类

肉类烧烤制品是指畜禽、鱼类食材经过整体或切块改形,涂抹调料后,置于敞口的火炉或火池上直接烧烤,如烤羊腿、烤羊肉串、烤牛肉片、烤全鱼等,著名的有北京烤鸭、新疆烤羊、广东化皮烧猪、上海烤肉、广东叉烧肉,以及烤鸡、烤鹅、缠丝烤兔等。烧烤制品如图 2-1 所示。

(a)　　　　　　　　　　(b)

图 2-1　烧烤制品

(a)烤肉　(b)烤鸭

2. 熏烤制品类

熏烤制品是肉类经腌制或熟制后,以熏烟、高温气体或固体、明火等为介质加工制成的熟食品,市场常见的有熏猪肉、熏牛肉、熏羊肉、熏鸭、熏鹅、熏兔、熏火腿、熏鱼等,著名的有杭州塘西熏鸭、山西六味斋熏鸡、浙江乐清熏鹅、济南熏牛舌。熏烤制品如图2-2所示。

图 2-2 熏烤制品

3. 腌腊制品类

腌腊制品是猪肉类经腌制、酱渍、烘烤等加工后制成生肉制品。食用腌腊制品食前须经熟制加工。根据腌腊制品的加工技术和产品特点,可将其分为腊肉、腊鸭、腊鸡、腊兔等,著名的有广式腊肉、川式腊肉、武汉腊肉、宁波腊鸭、广州腊金银肝等。腌腊制品如图2-3所示。

(a)   (b)

图 2-3 腌腊制品

(a)腊肉 (b)腊鸡

4. 干态肉制品类

干态肉制品是指肉类经过熟制、干燥或调味后直接干燥制成的熟食肉制品,如烤鸭、烤乳猪、烤鸡、肉干、肉脯、肉松等。市场上常见的有重庆垫江猪肉干、五香牛肉干、风味羊肉干、鹌鹑肉干,江苏靖江肉脯、羊肉脯、香酥牛肉丝和福州鼎日肉松等。干态肉制品如图2-4所示。

（a）　　　　　　　　　（b）

图 2-4　干态肉制品

（a）肉脯　（b）肉松

5.香肠制品类

香肠又叫灌肠,其制品是将肉类切碎与辅料混合后制成肉馅,填充到天然猪或羊的肠中加工制成的肉制品,如中式香肠、发酵香肠、熏煮香肠和生鲜肠等。市场上常见的有江苏如皋香肠、西式牛肉香肠、发酵羊肉香肠、大红肠、兔肉香肠、烟熏灌肠、欧式茶肠、无硝香肠、香肚制品等。香肠制品如图2-5所示。

（a）　　　　　　　　　（b）

图 2-5　香肠制品

（a）灌肠　（b）红肠

二、肉类制品焙烤加工方式与设备

肉类焙烤制品由于经过高温直接烧烤至熟,所以表面会产生一种焦化物,使制品具有色泽红亮、表皮酥脆、肉里鲜嫩、品味浓郁、干香不腻的特点。肉类制品焙烤方式分为挂炉焙烤、烤箱焙烤、明炉焙烤等。

1. 挂炉焙烤

挂炉焙烤又称暗炉烧烤,是将原料挂在烤钩或烧叉上放入炉内,悬挂在火源的上方,封闭炉门,利用火的辐射热将原料烘烤至熟的一种方法。暗炉的炉体有用砖砌的,还有用铁板和陶制的。暗炉所用燃料有木柴、木炭、煤、煤气等,也有用电的,其优点是温度较稳定,原料受热均匀,烧烤的时间短、速度快,成品质量较高。市场上常见的是旋转式挂炉。旋转式挂炉如图 2-6 所示。

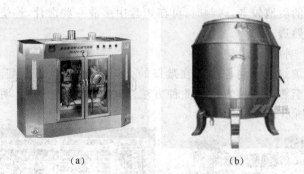

(a)   (b)

图 2-6 旋转式挂炉

(a)方柜形炉 (b)圆体形炉

挂炉烧烤操作主要掌握 3 个要点。

①原料须涂抹饴糖或其他调味品,涂抹完后必须将原料挂置到通风处吹干表皮后再烤制。

②烤制之前要先把炉温升高,然后再置入原料。烤制大块肉时,炉温要先高些,使其上好色之后,再改中火慢烤至熟。烤制形体小的原料时,炉温不宜过高;炉体容积大、烤制的原料少时,温度要低些;炉体容积小而烤制的原料多时,温度就要稍高些。腌渍主料所用调料色深或加糖多的炉温应低些。

③原料入炉后,要不断转动,以便上色均匀。

2. 烤箱焙烤

烤箱焙烤可用电或煤、煤气为热源。烤箱的火力不直接与焙烤的原料接触,而是隔一层铁板,所烤食品应放在烤盘里。烤箱烤制的肉类味甘而醇香。烤箱如图 2-7 所示。

烤箱焙烤操作主要掌握 2 个要点。

①烤制的原料要鲜嫩,形体不要过大,否则不易烤透,若烤制时原料上色不一,可在深色处贴白菜叶。

②焙烤时,最好先用大火给原料上色,烤至八成熟再用小火焖烤。若不先上色,主料自身的油就会外溢,上色就不匀。如所烤原料的质地较老,烤制时,可在烤盘中多放一些卤汁,连烧带烤才容易熟透。

3. 明炉焙烤

明炉焙烤是将原料放在敞口的火炉或火池上,不断翻动、反复烘烤至熟的一种方法。此种方法多采用木炭做燃料。明炉如图 2-8 所示。

图 2-7　烤箱

图 2-8　明炉

明炉焙烤有 3 种方式。

①炉上有铁架。此方式多用于烤制乳猪等原料。

②在炉子上面放炙子。此方式适用于形体较小的原料,如烤肉串。

③炉上不设铁架子和炙子,用铁叉叉好直接在火上翻烤。许多地方烤制风味菜时,常采用此法。

明炉焙烤的优点是设备简单,易掌握火候,便于操作,缺点是火力分散,原料不易烤得匀透,而且烤制时间较长,因此,焙烤技术有难度。明炉敞口,火力分散,烤制时,要注意随时翻动,烤制较大的原料时间要长,须勤加炭,但每次加炭不可过多,以免压住火。

三、肉类焙烤原、辅料与质量鉴别

1. 主要原、辅料

(1)主要原料 肉类焙烤的主要原料为猪、牛、羊、鸡、鸭、鹅、兔、鹌鹑、乳鸽等。

(2)腌制料 以食盐为主,食盐有脱水、排血、抑制微生物繁殖,以及定味、增香、提鲜、解腻、压异味和使肌肉收缩、增加黏着性的特点。

(3)调味料 有糖、酱油、味精、酒、醋、柠檬酸、豆豉、豆酱、芝麻酱等,其中酒有排除异味、增加产品香味的特点。

(4)香辛料 有葱、蒜、姜、胡椒、花椒、辣椒、芥末、草拨,以及中药材甘草、八角茴香、桂皮、砂仁、丁香、山奈、豆蔻、草果、白芷等。

(5)发色剂 主要是红曲,是大米经过发酵制成的一种安全食用色素,也是酿酒发酵剂,在食品加工中起发色作用,能使制品颜色变成鲜艳的玫瑰色,还有防腐的功能。

2. 肉类原材料新鲜度鉴别

原材料肉类的质量直接影响焙烤食品质量。肉类原材料鉴别方法见表 2-1。

表 2-1　肉类原材料鉴别方法

步骤	鉴　别　方　法
验证	所有畜禽动物在宰杀前,按照国家规定须在批准的屠宰场宰杀;宰前要通过兽医疫病检验,符合健康条件方准宰杀;宰后在肉胴体上盖上"兽医验讫"标志
观察	以视觉来观察肉类的新鲜度,猪、羊是连皮带肉上市,牛是剥皮净肉上市,而鸡、鸭、鹅是整只胴体上市。观察时,先看皮层,鲜品色洁白,除毛干净;再看肉色,猪肉为鲜红色,猪肉脂肪为白色,油润光亮,血管中无瘀血;牛肉为赤红色,有光泽
手触	以手按肉质,尤其是瘦肉部位,应为肉质组织紧密,有弹性,指压肌肉凹陷处立即反弹
闻味	以嗅觉来衡量,鲜品均有本身特有的肉香气味,尤其是羊肉有一种腥味,而猪、牛、鸡、鸭、鹅等肉香气味差别不大,但基本条件是无异味、无腐臭味

3. 注水肉鉴别

鲜肉注水在市场上经常见到。注水肉破坏了原来的肌肉组织结构,加上注水的水质无安全保障等因素,易致肉质腐败变质。注水猪肉表面有淋水的亮光,血管周围有半透明状红色胶样的浸湿,肌肉失去光泽。用薄纸贴在肉上不易揭下,揭下后的纸也不易点燃。用手指按压注水肉凹陷很难复原,手触无黏性;用刀切开时,有水顺刀板溢出。若是冷冻的注水肉,切面能见到大小不等的冰晶,注水严重的肌肉纤维有胀裂现象。

4. 活禽鉴别

活禽鉴别方法见表2-2。

表2-2　活禽鉴别方法

步骤	鉴别方法
看头冠	鸡、鸭、鹅、鹌鹑、鸽子等飞禽动物,其头顶有冠,健康禽头冠鲜红、挺直
看羽毛	健康禽的羽毛顺滑,光亮鲜艳,两翅紧贴体旁,伸展自如
看皮肤	翻开身上羽毛看皮色,应以白或白中略带微黄为佳,乌鸡的皮肤应为全黑色;手按皮层,要有弹性
看神态	健康活禽应两眼有神,开闭自然,嗉囊软,肛门羽毛干净,无黏附的稀粪
看活力	抓之会挣扎,鸣叫声洪亮

四、肉类焙烤加工实例

1. 上海烤肉

上海烤肉是在无水条件下进行热加工,其烤制温度通常在200℃以上,因其香脆酥化,回味深长,而成为烤肉名品之一。上海烤肉加工技术见表2-3。

表 2-3　上海烤肉加工技术

工艺流程	技术要求
原料配方	原料肉 100 千克、精盐 2.5 千克、白酱油 2.5 千克、饴糖 130 克、五香粉 60 克,红曲粉少许
选　料	选取皮薄、肉嫩、脂肪较少的瘦肉,若脂肪多,烤时易流油,出品率低,所以应精选硬肌的五花肉
腌制加工	将原料面向上,平铺在案板上,把精盐和五香粉拌匀揉擦在肌肉表面,然后浇上白酱油擦匀,使配料渗入原料内部,腌制 10～20 分钟后,用特制的长铁杆,由前腿肌肉处横穿至对边的肌肉处,然后悬挂在木架上,用沸水冲洗表面,并刮掉油污,待沥干水分后,将红曲粉、饴糖的混合液涂抹到外皮上
挂炉焙烤	将处理好的原料挂在炉中,肉面对火焰,然后将炉温逐渐调高;烤至皮面出现凸起小泡,肌肉基本烤熟,此时,可以将其取出挂在木架上,用铁梳子在皮面上打洞,使空气透入,这样做可加快烤制速度,也可防止产生大气泡,然后再挂入炉内,皮面朝火焰继续焙烤
温度与时限	上海烤肉焙烤温度为 260℃,时间为 1～1.5 小时,最后挂炉时的温度为 200℃,焙烤时间为 30 分钟
注意事项	用白酱油腌肉时,切忌把盐和白酱油抹到外皮上,以防烤制时肉皮发黑;高温烤制时,为防止烤焦,可用浸水薄纸粘贴在肥膘四周上

2. 新疆烤全羊

烤全羊是游牧民族传统加工肉食的方法,历史悠久。新疆烤全羊加工技术见表2-4。

表2-4　新疆烤全羊加工技术

工艺流程	技 术 要 求
原料配方	选择羯羊1只,一般体重为10～15千克,鸡蛋2.5千克、鲜姜25克、富强粉150克、精盐150克,胡椒粉和安息香粉适量
宰杀处理	将羯羊宰后剥皮,去掉头、蹄和内脏;取内脏时,腹部开口要小些;将1根粗约3厘米、长50～60厘米的木棍一端装上铁钉从羯羊胸腔穿进,经胸腹、骨盆,由肛门露出,使木棍带铁钉的一端恰好卡在颈部胸腔进口处
调制料糊	将鸡蛋打碎,取其蛋黄搅匀,加上盐水(清水1千克、精盐150克)、姜、安息香粉、胡椒粉和富强粉,调成糊状备用
挖坑燃烧	烤坑可在地面挖一个长1～1.2米、宽60厘米、深40厘米的地坑,坑底铺平,再用铁条编成与坑口同规格的坑盖,在搭好的烤坑内放木炭烧红后,将火拨开,取出还在燃烧的木炭,保留少许余火
挂炉焙烤	先将直径为30～40厘米的铁盘盛入半盘水,平放坑底,将装有木棍的羊头部朝下挂在烤坑里,然后将坑盖盖好,并用湿布封盖,焖烤1.5小时左右,取出将调味糊涂抹在羊的皮面和腹腔内表层,当木棍附近的羊肉表面呈金黄色时,即已烤熟;成品外表金黄油亮,肉外酥里嫩,肉味清香扑鼻

续表 2-4

工艺流程	技 术 要 求
注意事项	坑内盛水的铁盘作用是收取烤羊时滴下的油珠,盘中的水还能受热蒸发,增加湿度,加快烤制速度;成品在食用时,可将羊骨拆除,把羊肉切成片,撒些精盐或佐以小葱、麻酱、面酱均可

3. 广东化皮烤猪

广东化皮烤猪表皮鲜红、松脆,具有烧烤产品特有的香味,鲜美可口,是佐膳佳品。广东化皮烤猪如图 2-9 所示。广东化皮烤猪加工技术见表 2-5。

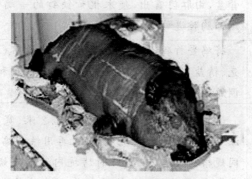

图 2-9　广东化皮烤猪

表 2-5　广东化皮烤猪加工技术

工艺流程	技 术 要 求
原料配方	原料猪 25～30 千克,精盐 1.5 千克,猪油 200 克,五香粉 15 克,麦芽糖 350 克

续表 2-5

工艺流程	技 术 要 求
选料、做胚	选用肥瘦均匀的薄皮猪为原料进行制胚,除去不适宜烧烤的内脏,将猪胚从后部髋骨上劈开两道,但不要劈穿皮,再除去脑,割去舌、尾、耳等,去掉蹄壳,剥去板油,剔除股骨、肩胛骨、前肋骨,然后在肉较多的部位用刀割花,以便入味减少焙烤时间
腌制	将猪油、盐和五香粉擦抹于猪胚表内、外及割花处,使配料均匀渗入肌肉内
整形、刮皮	将腌好的猪胚用铁环倒挂在钢轨上,再用原木插入猪耻骨两边,把猪脚屈入体内,用小钩钩好猪前脚,然后用清水洗净外皮,并用刀刮去皮上的杂毛
擦糖护色	用麦芽糖水遍擦猪身外面(包括头、脚),涂抹均匀后晾干,麦芽糖只能上一次,不能重复上,否则影响色泽,夏天可多用些麦芽糖
入炉焙烤	把腌好的猪胚挂入炉内慢火焙烤至皮熟,焙烤时间约 30 分钟,然后把猪胚取出;用特制针刺工具刺盖纸,遍刺整个猪身,然后在易烧焦部位贴上湿纸;猛火烧烤使炉温达到 280℃左右,焙烤约 1.5 小时
注意事项	成品要放在阴凉通风的地方,放的时间不宜太长,一般不超过 8 小时,否则会皮硬而不松脆

4. 肋排烧烤

肋排烧烤是以猪肋骨为原料,加入多种调料烧烤而成,其肉脱骨、酥嫩,色泽红艳,酱香诱人。肋排烧烤加工技术见表2-6。

表 2-6　肋排烧烤加工技术

工艺流程	技术要求
原料配方	猪肋排 100 千克、甜面酱 25 千克、香油 10 千克、白糖 10 千克、桂花酒 2.5 千克、精盐 500 克、香雪酒 2 千克、糖桂花 1.5 千克、五香粉 200 克、姜丝 1.5 千克、葱丝 1.5 千克、花椒 150 克,清水少许
整理、腌制	将肋骨斩成长 5 厘米、宽 3 厘米的小块,放入碗中,加入香雪酒、精盐、五香粉、花椒、葱、姜丝搅拌均匀,腌渍 4 小时待用;将甜面酱放入盆中,加入白糖和少许清水搅匀,然后倒入纱布中滤尽渣沫,放入盛有香油的炒锅中翻炒均匀,要用中火进行翻炒
二段焙烤	先把腌渍好的肋骨放入温度为 85℃ 的烤箱内,烤 30 分钟后取出;用干净的小刷刷去粘在肋骨上的香料,放入盆中,用桂花酒浸渍片刻待用;把腌烤过的肋骨投入炒过的甜面酱中,使肋骨两面均匀地粘上甜面酱;再放进烤箱中烘烤 15 分钟,等香气四溢时取出,装入盘中,撒上糖桂花即可
注意事项	肋排要用中温焙烤,且分两个阶段焙烤:第一阶段焙烤 30 分钟即可;第二阶段同样温度只需 15 分钟,前后烤温均以 85℃ 左右为宜,温度过高,易影响色泽和风味

5. 五香烤羊蹄

五香烤羊蹄表面有光泽,柔软略有弹性,香味浓郁,肉质嫩而不腻,风味独特。五香烤羊蹄如图2-10所示。五香烤羊蹄加工技术见表2-7。

图 2-10　五香烤羊蹄

表 2-7　五香烤羊蹄加工技术

工艺流程	技术要求
原料配方	羊蹄 50 千克、食盐 4 千克、白糖 400 克、砂仁 25 克、草果 30 克、花椒 15 克、白酒 200 毫升、味精 75 克、水 50 千克
蹄胚腌渍	将卫检合格的羊蹄刮去残毛和黑垢;将香辛料用纱布包好,放于锅中,加入清水 25 千克煮沸后,保持 30 分钟;然后取出香料包,加入白糖、食盐,待腌制液凉后,加入白酒和味精;将洗净沥干水的羊蹄放入腌制液中,腌制温度为 0℃~4℃,腌渍 48~60 小时后取出
入锅煮制	在煮锅内放入老汤,加水至离锅边 20 厘米,用旺火将汤烧开;再把羊蹄放入锅内,用旺火煮 30 分钟后,将香料包一同下入锅内,再煮 30 分钟
入炉焙烤	羊腿适于挂炉和转炉焙烤,炉温控制在 230℃~250℃,一般烤 1.5 小时即可
注意事项	羊蹄需要高温焙烤

6. 北京烤鸭

北京烤鸭具有色泽金黄、皮层松脆、肉质滑嫩、香味诱人等特色。北京烤鸭加工技术见表2-8。

表2-8　北京烤鸭加工技术

工艺流程	技术要求
原料配方	选肥育北京鸭55～65日龄、活重2～2.5千克为原料，配用食盐30克，砂糖25克，白酒20克，豆蔻、丁香各6克，麦芽糖200克，肉桂、花椒、小茴香、草果各10克，荜拔15克，砂仁10克，良姜、白芷、山奈、八角、桂皮各20克
宰杀、制胚	活鸭宰杀后，先剥离食道周围的结缔组织，然后打开颈脖处的气门，从气管处打气，让气体充满皮下脂肪和结缔组织之间，促使其皮肉分离，保持膨大壮实的外形，再在翅下开膛，掏出全部内脏，并将竹条由切口处送入膛内，支撑胸腔，使鸭体丰满美观
烫皮、浇糖	将清洗过的鸭胚，用100℃的沸水分3勺进行烫皮，使皮层蛋白质凝固，再浇挂糖色；按1∶6的比例在锅中放入麦芽糖和水，煎成棕红色后，分成3份，先淋鸭胚两肩，再淋两侧，用3勺糖水即可淋遍鸭身
挂晾烧糖	将烫皮、浇糖色后的鸭胚挂在阴凉、通风处晾皮，以蒸发肌肉和皮层中的水分，使鸭胚干燥；之后在体腔内灌入100℃的水70～100毫升，使鸭胚进炉后遇高温急剧汽化，外炙内蒸，两面夹攻，达到肉嫩的效果；同时再向鸭胚表皮淋浇2～3勺糖液，使糖色均匀

续表 2-8

工艺流程	技 术 要 求
挂炉焙烤	炉温掌握在230℃～250℃,鸭胚进炉后,使右侧剖切口向火,以便高温首先辐射进鸭腹腔内;待鸭胚的右侧呈金黄色时,再以左侧向火,烤至出现同样色泽为止;然后再烤其他部位
注意事项	烫皮浇糖分三次进行,糖水要烧遍整个鸭体;焙烤时切不可直接烤腹部,以免出油太多;同时左右旋转,反复烘烤至鸭身呈橘红色时,便可送到烤炉的后梁,背向炉膛,继续焙烤至遍体呈枣红色即可

7. 风味烤鸡

风味烤鸡是以太笋鸡为原料,整体通过油炸后,调入各种味料,然后入炉焙烤,并淋上鸡汤烤熟,其色泽金黄,肉质香酥,嫩而不腻,口味鲜美。食用时,可将鸡分成腿、脯搭配,配以番茄片、酸黄瓜或点缀生菜叶。风味烤鸡如图 2-11 所示。风味烤鸡加工技术见表 2-9。

图 2-11 风味烤鸡

表 2-9 风味烤鸡加工技术

工艺流程	技术要求
原料配方	太笋鸡（1 只）1.25 千克、葱头 75 克、胡萝卜 50 克、芹菜 50 克、番茄 100 克、酸黄瓜 50 克、生菜籽油实耗 80 克、食盐 10 克、香叶 1 片、胡椒粒 6 粒、酸奶油 15 克，消毒生菜叶、胡椒面少许，鸡汤适量
宰杀处理	选择健康无病的鲜活鸡，要求个体大小一致，未产过蛋的当年母鸡；将活鸡宰杀放净血，入热水中浸烫煺净羽毛；把鸡头、鸡爪剁去，开膛，摘除五脏，用清水洗净
腌制油炸	将鸡腿、翅膀别好，鸡身抹上盐、胡椒面，然后再将酸奶油均匀地抹在鸡身上；锅内放入生菜籽油，上火烧热，把鸡下入炸成金黄色
控温焙烤	将炸好的鸡放入烤盘内，把葱头、胡萝卜、芹菜切成片，与香叶、胡椒粒混匀，分别放在鸡膛内及鸡上面；然后放入 280℃ 以上的烤炉内烤 10 分钟后，放入适量鸡汤，边烤边往鸡上淋，烤约 1 小时即可
注意事项	检验烤熟的方法是用手指捏鸡翅膀，若变软即熟透

8. 白市驿板鸭

重庆白市驿板鸭是中国三大板鸭之一，至今有 100 多年的历史。白市驿板鸭是焙烤烟熏类板鸭，与腊板鸭和一般板鸭有别，主要特点是外观形如扇、颜色棕红美观，肌肉紧密，呈淡红色，咸淡适中，肥而不腻，香味浓郁。白市驿板鸭加工技术见表 2-10。

表 2-10　白市驿板鸭加工技术

工艺流程	技术要求
原料配方	鸭胴体 100 千克、精盐 6.1 千克、白砂糖 1 千克、黄酒 1.2 千克、香辛料 100 克
选料、整理	选择新鲜健康的优质瘦肉型鸭,体重在 2 千克左右,以肌肉丰满、皮毛洁白为宜;鸭子宰杀后剖开鸭的胸腹腔,去掉内脏、脚与翅,将其放入冷水中浸泡 2～3 小时,然后沥干水,将鸭子放在案上,使其背向下,腹向上,用两只手分开胸腹腔使其呈扇形,这样做鸭体美观且易于腌制
腌制、造型	将香辛料粉碎成粉末,与其他配料混合均匀,然后涂抹在鸭体内外表面;特别注意,大腿、颈部、口腔和肌肉丰满部位要抹均腌透;然后一层层叠放在腌制池中,腌制 3～5 天,根据气温高低确定腌制时间;在腌制过程中,须翻池 2～3 次,避免腌制不均;腌制完毕,将鸭从腌池中取出,用竹片交叉支撑鸭体,使其绷直,形成扁平扇形
焙烤、烟熏	将腌制好的鸭子挂在焙烤推车上,推进烤房内,焙烤温度为 45℃～65℃,时间为 8～12 小时,最后用玉米壳或谷壳和锯木粉等做烟熏材料,反复熏烤 45～50 分钟
冷却包装	熏烤完毕将其取出自然冷却时,在板鸭体表涂刷麻油,增加色泽;待完全冷却后,采用抽真空包装再置于室温 25℃下保存

9. 成都王胖鸭

成都王胖鸭是四川著名的清真风味特产,特点是皮色金黄,皮酥肉嫩,肥而不腻,味鲜适口。成都王胖鸭加工技术见表2-11。

表2-11　成都王胖鸭加工技术

工艺流程	技术要求
原料配方	鸭胚 50 只,豆瓣、豆豉各 250 克,葱花 1.5 千克,芽菜(切细)1 千克,生姜(切成姜末)500 克,饴糖 3 千克,花椒少许,食盐适量
宰杀装料	选用肥嫩活鸭,宰杀煺毛,清洗干净;在翼下开膛,摘除全部内脏,洗净血污;从小腿关节处切去两爪,平放于案板上,用小竹签把肛门锁住,以免漏水;将各种料混合拌匀,取全料的 6/7 分别装入各只鸭的腹腔内
制胚、挂晾	把用竹片做的一头为叉形、一头为平行的小竹撑子放入鸭胚体腔内,将叉形一头撑在鸭的背脊骨上,平头撑在胸脯上,使鸭胸挺起,以便在烤制时肩缩;然后用钩挂住鸭头,放入 100℃ 的沸水中烫皮,先烫头颈部,再烫全身,使鸭皮伸展,体形美观;烫好后,将鸭头向上挂起,用毛巾擦干鸭身;再在鸭体表面均匀涂抹一层饴糖,挂起晾干
分批焙烤	先将柴炭在炉内烧红,把炭火向四周推开,再将特制的装有 1/7 备用配料的耐火砂碗放入炉中央,位置要放在进炉烤制的鸭胚下面以散发香味熏蒸鸭胚;待炉温升至 65℃~75℃ 时,即可将鸭胚挂入炉膛翻烤

续表 2-11

工艺流程	技术要求
注意事项	先烤鸭胸,后烤侧面,从进炉到烤熟约需 30 分钟,中间须翻转 10 余次,出炉后,从切口倒出腹内的汤水,取出竹撑子和配料渣即可

10. 罐装烤鹅

罐装烤鹅加工技术见表 2-12。

表 2-12　罐装烤鹅加工技术

工艺流程	技术要求
原料配方	宰杀后的鹅体 3.5～4 千克,桂皮 20 克,姜 15 克,黄酒 30 克,食盐 20 克,味精、葱适量,鹅体上色液配方为黄酒 50 克、蔗糖 100 克
煮液上色	将上色液配方中加入清水 200 克,置于锅中加热至 70℃保持 20 分钟,冷却至常温;待鹅体表面水分收干时进行涂抹上色;鹅体上色分两次,第一遍稍干后,再上第二遍
调味油炸	先将葱、姜、桂皮熬成调料水,与鹅体一起放入夹层锅中搅拌均匀,再加入黄酒、味精煮沸 15 分钟后取出;然后将鹅体置于 160℃～180℃的油锅中炸 1.5～2.5 分钟,炸至鹅体表面呈酱红色为宜
焙烤切块	将油炸后的鹅体置于 45℃～65℃的烤箱内焙烤 5～6 小时后取出,切成 6 厘米×7 厘米规格的块状
装罐密封	鹅体切块后装入罐内,注入原煮制时的汤汁 6 克,罐内真空度为 0.03 兆帕

11. 常熟叫花鸡

叫花鸡为常熟市虞山镇特产,已有 300 多年的历史。常熟叫花鸡煨烤加工技术见表 2-13。

表 2-13　常熟叫花鸡煨烤加工技术

工艺流程	技术要求
原料配方	选用当地著名的"鹿苑鸡"为原料,开膛后的净鸡 100 千克,鲜猪肉丁、火腿丁各 3 千克,猪网油 3.8 千克,香菇、蹄筋各 500 克,干贝 200 克,虾仁 400 克,精盐 2～3 千克,酱油 4 千克,姜汁 1 千克,葱适量
胴体装料	将净鸡放进酱油、葱末、姜汁制成的调料中浸泡 15 分钟;香菇浸泡切碎与肉丁、火腿丁塞进鸡腹内;用猪的网油将鸡整体包上,外面裹上荷叶并用稻草绳捆扎好,最后糊上拌有精盐的泥巴 14～20 毫米厚
煨烤熟化	将糊泥的鸡胚放入烤炉,慢火烤 4 小时,中间要不断翻转,待泥烧焦、香味喷出时,便可剥去鸡身上的附着物,即成油光发亮的叫花鸡
注意事项	鸡宰杀、开膛洗净后,要拍断鸡脚和翅骨

12. 熏板兔

熏板兔是以整只兔子宰杀整形后,压成平板状再通过焙烤、烟熏、卤制、调味制成。熏板兔加工技术见表 2-14。

表 2-14　熏板兔加工技术

工艺流程	技术要求
原料配方	①腌制配方(以兔肉 100 千克计):食盐 10 千克、白砂糖 3 千克、白酒 1 千克、味精 150 克、生姜 500 克、桂皮 200 克、清水 50 千克; ②卤制配方(以兔肉 100 千克计):八角、香草各 50 克,桂皮、小茴香、丁香、山奈、白芷、甘草、广木香、草果各 30 克,花椒 40 克,砂仁 20 克
宰杀处理	宰杀前,先将兔子用木棒击晕,然后将兔体倒挂于架上,用刀切开颈动脉,充分放血,然后剥去兔皮,开膛,去除内脏和脚爪,修去浮脂和结缔组织膜,去净残血
腌制、整形	将腌制配方中的各种调料置于腌缸中溶解成液,再将洗净的兔胚浸泡其中,腌制 3~4 天,在此期间翻动 3~4 次,腌好的肉块硬实,颜色呈玫瑰红色;最后用竹片将兔胚撑成平板状
焙烤、烟熏	将烤炉温度控制在 220℃~240℃,烤 40~50 分钟,使兔体全身呈现均匀的枣红或橘红色,表皮自里向外有油滴渗出; 将烤完的兔胚挂在烟熏炉内的炉架上,在烟熏发生器的炉盘内撒上锯末或硬木屑;生烟后密闭炉门,烟熏 20~30 分钟,待兔体表面呈茶色或烟棕色时即可停止熏烟

续表 2-14

工艺流程	技术要求
卤制、灭菌	将卤制配方中的各种调料用纱布包好,放入夹层锅中(香料袋可连续用 4～5 次),倒入老汤;水量不够时用清水补充,水量以水面能全部浸没兔肉为宜;打开蒸汽阀门,将水烧开 20 分钟左右放入半成品兔胚;待水沸腾后,用勺撇去水面上的浮沫;关小蒸汽阀门,小火保持汤面呈微沸状,焖煮 30～40 分钟即可;然后,将卤制好的兔胚,通过巴氏灭菌处理后包装即可
注意事项	①焙烤出炉后的半成品兔膛中的水应清澈透明,并带有少许油珠;如水呈乳白色、油滴多,净水少或呈浓稠状,则说明烘烤过度;如水呈红色且浑浊、无凝结的血块,则说明烘烤不够,未熟透; ②通常以小股生烟烟熏,维持烟熏炉内的温度在 50℃左右即可,温度过高,易导致兔体焦煳;若温度过低或生烟过小,会延长熏制时间,且影响成品兔的质量

13. 缠丝烤兔

缠丝烤兔是四川省兔制品之一,其特点是烟棕色,油润光亮,具有肉香浓郁、鲜嫩味美、咸度适中的特色。缠丝烤兔加工技术见表 2-15。

表 2-15　缠丝烤兔加工技术

工艺流程	技术要求
原料配方	豆豉 500 克,经过干炒的精盐 250 克,酱油 150 克,白砂糖 100 克,花椒、五香粉和芝麻各 20 克,白酒 15 克,砂仁、豆蔻和胡椒各 10 克

续表 2-15

工艺流程	技 术 要 求
宰后腌制	选用 3~4 个月龄的健康肥兔,屠宰剥皮后去除内脏,洗净瘀血,沥干入缸腌制;在经干炒的精盐中加入 0.1% 的五香粉,混匀后,按每只兔体用 25 克的比例均匀撒在兔肉表面,然后装叠入缸,腌制 4~5 天,其中腌制 3 天时,进行翻缸一次
兔体涂香	兔肉腌后要进行涂香,先把豆豉研磨成糊,再把其他干料研成末加入豆豉糊内;最后加入白糖、酱油、白酒等,搅拌成糊。涂香时,先割除兔的生殖器官、大静脉血管和筋腱等,然后撑开腹腔,用毛刷蘸香糊,均匀地涂刷在腹腔、胸腔内壁
缠丝造型	涂香后用细麻绳从兔头部缠起,按螺旋状缠到后腿;缠丝间距以 1.5~2 厘米为宜,要缠得均匀结实,使其造型美观,缠好后将其吊在通风处挂晾 24 小时
焙烤	兔肉经挂晾后送入烤房进行焙烤 20~25 分钟,温度以 50℃ 为宜,达到出品率 40%~50% 为限。成品在室温下贮藏 2~3 个月,其品质不变,如包装得好,贮藏期可达半年左右
注意事项	①缠丝造型时,前肢屈向腹侧,胸腹裹紧包扎;后肢尽量拉直,麻绳缠到后肢腕关节处收尾打结; ②需食用时,应先做熟再解除缠的麻绳,这样肉体红棕油亮,脱绳处有似银色的花纹

14. 麻辣烤乳鸽

麻辣烤乳鸽具有肉质细嫩、醇香诱人、风味独特等特点,是焙烤肉食中的一种美味食品。麻辣烤乳鸽加工技术见表2-16。

表 2-16　麻辣烤乳鸽加工技术

工艺流程	技术要求
原料配方	①腌制料配方:鲜乳鸽5千克、大茴香15克、食盐17克、小茴香4克、花椒20克、葱10克、桂皮3克、干辣椒120克、生姜50克、白砂糖100克、味精15克、料酒50克; ②涂料配方:按涂料总量100%,其中饴糖或蜂蜜30%、料酒10%、腌卤料液20%、水40%、辣椒粉适量
选料、清理	选择饲养期为25天、活重每只达500克的健康乳鸽为原料;宰前不要让鸽剧烈活动,也不要使其受惊吓和冷热刺激;宰杀时,在颈部切断三管,操作要准,刀口要小,放血完全;放血后应尽快煺毛,浸烫水温一般控制在60℃～65℃,水温要恒定,浸烫一分钟左右,利于拔掉背毛,不易弄破鸽皮,绒毛除尽后,从腹部开2～3厘米的刀口,摘掉内脏,拉出食道、气管,同时将肺、头、爪除去,洗净体内污物及血水
浸卤腌制	将大茴香、小茴香、花椒、桂皮、干辣椒放入盛有3千克水的浸料锅中,加热煮沸,再小火加热30分钟;将浸料液过滤到浸泡缸中,加入白砂糖、料酒、食盐、葱拌匀,冷却备用;当料液冷却至25℃以下时,把处理好的乳鸽放入腌料液中,腌制4～6小时

续表 2-16

工艺流程	技术要求
固质填料	将腌好的乳鸽胚表皮晾干,用勺将沸腾的卤液浇于鸽体上,这样可减少烤制时毛孔流失脂肪,并使表皮蛋白质凝固;将烫后的鸽胚再晾干;将葱(鸽重的10%)、姜(鸽重的2%)、香料(适量)等料填入鸽胚腔内,缝好口晾干
涂料、焙烤	将涂料配方分两次均匀涂于鸽胚表面,然后放通风处晾干,烤制时,先将烤箱温度迅速升至230℃,再将鸽胚移入箱内,恒温烤制5分钟,这时表皮已开始焦糖化,然后打开烤箱排气孔,将炉温降至190℃,烤25分钟至表皮呈金黄色,再关闭电源焖5分钟即可出炉
注意事项	鸽在宰前18小时不要喂食,其间保证充足的饮水;宰杀前的场地应为水泥或水磨石地面,附近无砂石、杂草,以防鸽子啄食;涂料时鸽体表面不得有水、油,以免烤时着色不均而出现花皮现象

15. 广东叉烧肉

叉烧肉是广东省名特产品,其色泽鲜明,醇香浓郁,入口脆化,风味独特,很受欢迎。广东叉烧肉如图 2-12 所示。广东叉烧肉加工技术见表 2-17。

图 2-12　广东叉烧肉

表 2-17　广东叉烧肉加工技术

工艺流程	技术要求
原料配方	猪肉胚 100 千克、白糖 6.5 千克、特级酱油 4 千克、精盐 2 千克、50 度白酒 2 千克、香油 1.4 千克、麦芽糖 5 千克
肉胚切割	取猪肌肉、肋肉或前后腿肉,切成长 40 厘米、宽 4 厘米、厚 1.5 厘米的块,每块重约 150 克
调味腌制	将肉胚放入盆内,按配方加入特级酱油、白糖、精盐等搅拌均匀,使配料渗透到肉内,浸腌 1 小时,每隔 20 分钟翻动 1 次,肉入味后,再加入香油和酒翻拌,然后把肉胚串到铁制的排环上准备进炉
入炉焙烤	焙烤时,常用木炭炉烤制,先将炭炉晓旺,再把串好排环的肉胚挂入炉内,加炉盖进行焙烤,烤温控制在 60℃～70℃,焙烤 15～30 分钟后,冷却,再将肉放入麦芽糖水溶液中(麦芽糖与水配比为 1∶0.6),使其浸上糖液,即为叉烧肉

续表 2-17

工艺流程	技 术 要 求
注意事项	焙烤时,掌握两个阶段,第一次烤 15 分钟后,揭开炉盖,转动排环,使其烤制均匀,再加炉盖继续烤 30 分钟即可出炉

16. 烤牛肉糕

牛肉糕以牛肉为原料,通过绞碎,调以辅料,制成肉馅,装入烤盘内焙烤成牛肉糕,其特点是肉质脆嫩,香味浓郁,干爽可口。牛肉糕加工技术见表 2-18。

表 2-18　牛肉糕加工技术

工艺流程	技 术 要 求
原料配方	①原料:牛肉 100 千克、碎冰 20 千克、食盐 3 千克、面粉 5 千克、淀粉糖浆 2 千克、大豆蛋白 2.5 千克、脱脂奶粉 2.5 千克、洋葱碎屑 50 克; ②调味料:味精 125 克、芥末粉 125 克、黑胡椒粉 250 克、肉豆蔻 63 克、鼠尾草 63 克
绞肉斩拌	先将原料肉冷冻至中心温度达到 1.1℃～2.8℃,再用 3.2 毫米筛板的绞肉机将牛肉绞碎,把绞碎的牛肉放入斩拌机内,加 1/3 的冰块和配方中的食盐、调味料,斩拌 2 分钟;然后逐步加入剩余的冰块,再斩拌 2 分钟;加入全部冰块后,逐步加入面粉、大豆蛋白、脱脂奶粉,让斩拌机运转,直到肉温达到 10℃

续表 2-18

工艺流程	技　术　要　求
搅拌、装盘	把斩拌后的肉放到真空搅拌器中,将洋葱碎屑均匀地撒在上面,在 0.085 兆帕的真空度下搅拌 3 分钟后,从搅拌机中取出肉馅,用手做成 2.7～3.6 千克重的丸形,使之正好能放在圆形烘烤盘内;肉馅装盘后表面抹平,再用淀粉糖浆上光
控温焙烤	把装好肉馅的烤盘送入 71℃～74℃ 的烤房内焙烤 1 小时;然后逐渐将温度增加到 82℃～88℃,继续焙烤 30 分钟,至肉馅中心温度达到 82℃～88℃ 为止
注意事项	烤好的肉糕在室温下冷却 4 小时左右,再从烤盘中取出,然后放入 7.2℃ 的冷库内冷藏 12 小时,再把冷藏后的肉糕切成块或片进行包装

五、肉类腊熏制品加工实例

1. 广式腊肉

(1)加工技术　广式腊肉的特点是色泽金黄、味香浓郁、肉质细嫩、肥瘦适中。广式腊肉加工技术见表 2-19。

表 2-19　广式腊肉加工技术

工艺流程	技　术　要　求
原料配方	猪肉胚 100 千克、白砂糖 4 千克、酱油 4 千克、精盐 2 千克、60 度大曲酒 2 千克

续表 2-19

工艺流程	技术要求
浸腌、挂晾	用木盆或陶缸将白砂糖、酱油、精盐、大曲酒混合拌匀至完全溶解，将肉胚投入溶液中浸泡 8 小时，每 1～2 小时上下翻动一次，腌透后捞起，串入麻绳，挂竿晾干
分层焙烤	烘房内设三层架。在料胚未进房前，先在房内放火盆，将烘房温度提高到 50℃，再用炭或草木灰将旺火压住，然后开始悬挂肉胚；挂完所有肉胚后，将炭或草木灰拨开，进行焙烤；焙烤时，温度不宜过高，底层料胚控制在 80℃ 左右，温度也不宜太低，以免水分蒸发不足；为使火力均匀，上、下竿宜 3～5 小时调换一次位置，使水分蒸发一致，一般烘烤 72 小时左右，以皮干肉硬出油为宜；若天气晴朗，也可将肉胚放在空气流通的地方暴晒，到晚上收回挂在室内，第二天继续暴晒，直至达到焙烤标准为止
注意事项	挂竿晾干时，绳与绳之间应保留 3～4 厘米距离

(2)产品标准 产品标准执行 GB 2730—2015《食品安全国家标准 腌腊肉制品》，腊肉的感观指标见表 2-20。

表 2-20　腊肉的感观指标

项目	一级鲜度	二级鲜度
色泽	色泽鲜明,肌肉呈鲜红色,脂肪透明或呈乳白色	色泽稍淡,肌肉呈暗红色或咖啡色,脂肪呈乳白色,表面可以有霉点,但抹后无痕迹
组织状态	肉身干爽,结实	肉身稍软
气味	具有广式腊肉固有的风味	风味比一级鲜度略差

2. 川式腊肉

川式腊肉是四川省传统腌制品,以成都产的最正宗。川式腊肉特点是色泽金黄,咸度适中,腊香持久。川式腊肉加工技术见表 2-21。

表 2-21　川式腊肉加工技术

工艺流程	技 术 要 求
原料配方	①每 100 千克鲜猪肉,配食盐 7~8 千克; ②调味料:白酒 0.5~1 千克、红糖汁 0.5 千克、花椒 100 克、混合香料 150 克(按八角茴香 10%、山柰 10%、桂皮 30%、甘草 20%、荜拨 30% 混合碾成粉末),配方用量根据气候可上下浮动,春冬宜低量,夏秋则用量高

续表 2-21

工艺流程	技 术 要 求
选料、腌制	取膘肥在 2 厘米以上的鲜猪肉,以饱肋、前后腿为佳,槽头、奶脯、五花、腿圆肉只宜做二级品;将肉剔除骨头,切成料胚;将食盐炒热,冷却后与配方中的调味料混合拌匀,擦抹在肉上;胛缝、槽头进盐慢,要多揉搓,并将余下的料收好备用;将抹好的肉放在腌缸内,皮面向下,肉面向上,最上层肉面向下,皮面朝上,摆放整齐,最后将剩余调味料全部均匀地撒在缸内的肉面上,腌制 3~4 天后翻缸一次,再腌 3 天
清洗、挂晾	每块出缸后的料胚的顶端用刀戳一小口,穿上麻绳,用 40℃ 左右的温水清洗干净,悬挂在竹竿或木杆上,置于通风处晾干,转入烘房焙烤
焙烤、烟熏	开始焙烤时,火温控制在 50℃~60℃,经 4~5 小时后,待肉皮水分蒸干,用卫生纱布擦一擦皮面,以排除水蒸气;然后继续烘干,温度最高不超过 70℃,焙烤 12 小时左右,再用花生壳烟熏上色,烤至表面微有油渗出,瘦肉已呈酱红色,肥肉呈黄色,有透明感时,即为成品;全部烘烤时间为 40~48 小时
注意事项	每 100 千克无骨带皮的鲜猪肉可加工成成品 70 千克;成品离开烘房后,仍须悬挂于空气流通处,待吹散热气冷却后即可包装,否则腊肉易发酸;成品应放入缸内,密封缸口保管,成品质量检验可参照广式腊肉标准

3. 武汉腊肉

武汉腊肉的特点是肉呈鲜红或暗红色,脂肪乳白色或透明,组织有弹性,指压无明显凹痕,含水量≤25%,含盐量≤5%。武汉腊肉加工技术见表 2-22。

表 2-22　武汉腊肉加工技术

工艺流程	技术要求
原料配方	100 千克鲜猪肉用细盐 3 千克,白砂糖 6 千克,无色酱油 2.5 千克,白酒 1.5 千克,白胡椒粉 200 克
整理、腌制	选取新鲜的猪肋条肉,剔去骨头,切成长约 45 厘米、宽 4 厘米的肉条;将食盐按比例涂擦在肉条上,放入缸中腌制 12～14 小时;从缸中取出后,须用 40℃～45℃温水冲去肉条表面的瘀血和污物,然后把其余配料混合均匀,再将肉条腌制 2～3 小时后取出
挂竿、焙烤	在肉条一端穿上麻绳,挂在竹竿上,送入烤房内用炭火进行焙烤,温度控制在 50℃～55℃,经过 36 小时焙烤,皮面干硬、瘦肉鲜红、肥肉透明时即为成品

4. 蜀风腊猪舌

蜀风腊猪舌是成都的传统腌制品之一,至少已有近百年的历史,其特点是身干质净,色泽鲜美,咸度适中,是理想的冷盘下酒之美食。蜀风腊猪舌加工技术见表 2-23。

表 2-23　蜀风腊猪舌加工技术

工艺流程	技 术 要 求
原料配方	每 100 千克鲜猪舌,配食盐 6～7 千克,白酒 1 千克,白砂糖 1～1.5 千克,花椒粉 150～200 克,八角、茴香各 150 克,桂皮 50 克
热水汆洗	选符合卫生标准的鲜猪舌,除去筋膜淋巴,放入 80℃左右的热水中汆过,再刮除舌面白苔
划口腌渍	在靠舌根深部用刀划一直口,成条形,然后将猪舌置于食盐、白酒、白砂糖、花椒粉、八角、茴香、桂皮等混合均匀的容器内拌匀,腌渍 6～8 小时,每 2 小时翻拌一次,然后取出猪舌,清水漂洗干净
洗净焙烤	将洗净猪舌平铺于烤盘上,送进烤房内,烤温保持 40℃～50℃,焙烤 70 小时,出炉晾干后包装

5. 腊猪心

腊猪心的特点是色泽红润,味厚肉嫩,腊香醇厚。腊猪心加工技术见表 2-24。

表 2-24　腊猪心加工技术

工艺流程	技 术 要 求
原料配方	每 100 千克鲜猪心,上海配料为精盐 3 千克、酱油 8 千克、白砂糖 8 千克、60 度白酒 3 千克、姜汁少许,长沙配料为精盐 4.6 千克、白砂糖 1.4 千克,广州配料为精盐 3.5 千克、白砂糖 6 千克、酱油 4 千克、白胡椒粉 200 克、曲酒 2 千克

续表 2-24

工艺流程	技术要求
割剖整理	割去鲜猪心上的心血管,切成两半,洗净瘀血,修去碎块肥筋,整成片状,再清洗干净
料液腌渍	将猪心放入拌匀的配料中腌制 6~8 小时,每 2 小时翻缸一次,然后将猪心取出,用清水漂洗
排湿焙烤	将洗净的猪心,平放在竹筛上排湿,略干后送进烘房焙烤,温度保持在 40℃~50℃,烤 72 小时,冷凉后包装上市

6. 宁波腊鸭

宁波腊鸭是浙江省传统特产之一。宁波腊鸭加工技术见表 2-25。

表 2-25　宁波腊鸭加工技术

工艺流程	技术要求
原料配方	鸭胚 100 只、食盐 3~3.5 千克、花椒 100 克、香料粉 30 克
选鸭、宰杀	选肥大的健康活鸭,每只 1.5 千克以上;宰杀后,除去内脏,斩去足爪和翅膀尖,在颈部开口取出嗉子、喉管
浸胚腌制	将这些辅料用 8~10 千克清水兑匀,倒入腌缸,以浸没鸭胚为度,浸渍 3 天左右,其间翻缸 1~2 次,此为湿腌法,也可将配料炒热,遍擦鸭体内外,再入缸腌制 2~3 小时,其间翻缸一次

续表 2-25

工艺流程	技术要求
定形挂晾	腌制后的鸭胚出缸后用清水洗净,压平定型后,挂晾风干,挂竿时,无须紧靠在一起
分次焙烤	晾干后入烤炉焙烤,焙烤温度以 50℃~55℃为宜,第一次烤 6~7 小时,取出晾 4~6 小时;然后再重复烤至鸭体表皮呈黄褐色,油光发亮即成

7. 广东腊鹌鹑

广东的腊鹌鹑肉嫩骨酥,营养丰富,多做滋补品用。广东腊鹌鹑加工技术见表 2-26。

表 2-26　广东腊鹌鹑加工技术

工艺流程	技术要求
原料配方	鹌鹑胚 50 千克、食盐 3 千克
宰杀清理	活鹌鹑经宰杀、放血、去毛后,从尾部开一小口,挤出内脏,用水冲洗干净
浸胚腌制	用精盐均匀地涂擦于光胚内外,然后置于干净容器内腌制 4 小时,中间翻动一次
定形烤制	将腌好的鹌鹑胚取出,置于清水中浸泡 2 小时左右,捞出沥干水分;用手掌自其背部,用力向下压成扁平状,然后置于 45℃烘房(或烘箱)内烘 10~12 小时,再晒 3 天即成

8. 广州金银肝

广州金银肝又称腊金银润,特点是颜色紫褐泛红,味浓酥润,腊香独特,肝味醇正。广州金银肝加工技术见表2-27。

表2-27 广州金银肝加工技术

工艺流程	技 术 要 求
原料配方	鲜猪肝 100 千克、猪肥膘 25 千克、食盐 15 千克、白糖 10 千克、酱油 3 千克、60 度大曲酒 2.5 千克
选料处理	选符合卫生标准的鲜猪肝为原料,摘除肝上的苦胆,割去筋油,切成厚约 3 厘米、长 15～18 厘米的肝胚;同时将猪肥膘切成 1.5 厘米见方肉块
腌制焙烤	将肥膘条入缸加入 2 千克食盐、3 千克糖,腌制 3～4 天起缸,再开成 10～15 厘米长、1.5 厘米宽的锥形膘条,洗净滤干,加入 7 千克白糖、3 千克酱油拌匀;同时将肝胚中加入 3 千克盐、酒腌 6～8 小时,起缸漂洗;再入缸腌 2～3 小时;起缸后用麻绳穿好挂竿进烘房,以 40℃烤 1～2 小时,待肝胚表面起皱后,即出炉待用
嵌膘挂晾	肝胚冷却后,用剑形尖刀开眼,一直开至肝尖;用特制的斜头白铁皮筒套,将肥膘灌嵌入肝胚孔洞;再用麻绳拴扣肝条尾端,收住口不露白,然后挂竿晾干
控温焙烤	肝胚晾干后入炉焙烤,烤温控制在 50℃左右,烤 20～24 小时,至肝胚发硬,即可出房;成品率为 50%～65%,成品应悬挂于通风、干燥的仓库贮藏,以防潮湿发霉

9. 武平猪胆干

武平猪胆干是福建省传统名产,已有 100 多年的历史,特点是香而微苦,回味绵长,且具生津健胃、清凉解毒之功效。猪胆干多选择在冬至后加工。武平猪胆干加工技术见表 2-28。

表 2-28　武平猪胆干加工技术

工艺流程	技 术 要 求
选料	取新鲜深褐色的柔质猪肝(糯米猪肝),连同猪胆一起浸泡于食盐水中,盐与水的比例为 6∶100
配料调味	按每 100 千克的猪肝,配白酒 1 千克、八角茴香 80 克、五香粉 150 克、甘草 30 克、桂皮 30 克加入浸肝的盐水中浸泡,让胆汁渗透于肝脏中
焙烤	当胆汁渗透肝脏内部后,捞起以 50℃～60℃焙烤 3～4 小时,稍压整形,使外形美观即可

10. 腊猪头

腊猪头特点是颜色呈橘黄色、发亮,味美醇香,脂少皮薄,肥而不腻,咸淡适中,脆爽可口。腊猪头加工技术见表 2-29。

表 2-29　腊猪头皮加工技术

工艺流程	技 术 要 求
原料配方	猪头肉 50 千克、精盐 4 千克、白砂糖 1 千克、白酒 50 克、香料粉 170 克(其中花椒粉 50 克、沙姜粉 50 克、八角粉 50 克、五香粉 20 克混合均匀)
整理清洗	选用健康无病、头部丰满,大小适中,耳、鼻、嘴完整无损的猪头;剔除头骨,刮净头皮上的绒毛、残毛和毛根;在剔骨、去毛的过程中,尽量保持软组织无损、口条不掉,然后用 40℃的温水漂洗,洗去血污、杂质等

续表 2-29

工艺流程	技 术 要 求
入缸腌制	将猪头沥干水分,放到缸里腌制,腌制时,将所有配料涂抹于猪头皮上,腌制 7～9 天,中途翻缸一次,使各种料能均匀地渗入猪头皮肉内
造型着色	腌好后从缸内取出,用竹片将猪头撑开,使左右脸皮和鼻尖呈一字形;然后再用白砂糖、白酒、香料粉涂抹着色,使猪头色泽呈橘黄色
焙烤	将着色后的猪头放入烤房,焙烤时间为 48 小时左右,烤制过程中的温度要先低后高,然后再低的原则,即由 40℃ 逐渐升到 60℃,再慢慢降到 40℃
注意事项	焙烤的关键问题是要随时掌握好温度和色泽的变化;烤后的腊猪头只要表层油光发亮、呈橘黄色,肌肉呈枣红色,皮脂呈黄白色,清香无异味即可

11. 熏火腿

(1)加工技术 熏火腿又称西式火腿,以猪肉为原料,除去皮及较厚的脂肪、卷成圆柱形后制作而成,其特点是肉呈粉红色,鲜艳,富有弹性,不松不散,咸淡适口。熏火腿加工技术见表 2-30。

表 2-30　熏火腿加工技术

工艺流程	技 术 要 求
原料配方	猪后腿肉 100 千克、白砂糖 1.5 千克、食盐 3.5 千克、味精 0.4 千克、红曲粉 0.2 千克、香精 0.7 千克、大豆分离蛋白粉 0.6 千克
原料整理	原料肉去除两个腰椎,拔出骨盆骨,将刀捅入大腿骨上下两侧,割成隧道状;去除大腿骨及膝盖骨,去骨时尽量减少对肉组织的损伤,去骨在去血前进行,可缩短腌制时间;修去多余脂肪和瘦肉
调味腌制	将配方中各种调味料、红曲粉、大豆蛋白粉混合,再加入水 1 千克,调成味料,放入肉料中拌匀,使其入味,腌制 24 小时
卷扎造型	将腌制后的肉料压成块状,再用棉布将肉块卷紧,包裹成圆筒状后,用纱线扎成枕状,也可用模具进行整形压紧
熏烤熟化	温度控制在 30℃～50℃进行熏烤,时间随火腿大小而异,一般 10～24 小时;然后置于锅中进行水煮,目的是杀菌和熟化,赋予产品适宜的硬度和弹性,同时减淡烟熏味;水煮时间一般大火腿 5～6 小时,小火腿 2～3 小时;温度控制在 62℃～65℃,保持 30 分钟为宜,如果煮制温度超过 75℃,则肉中脂肪大量融化,会导致品质下降
冷却包装	经过煮制后的火腿出锅后置于冷却室内散热,待肉温降至 15℃后,除去包裹的棉布,再用塑料膜包装,最后置于 0℃～1℃的低温下贮藏

(2)质量标准　熏火腿成品质量按国家 GB 2726—2016《食品安全国家标准熟肉制品》执行。熏火腿感官指标见表 2-31。

表 2-31　熏火腿的感官指标

项目	一级鲜度	二级鲜度
色泽	肌肉切面呈深玫瑰色或桃红色,脂肪切面呈白色或微红色,有光泽	肌肉切面呈红色或深玫瑰色,脂肪切面呈淡黄色、白色,光泽较差
组织状态	致密而结实,切面平整	较致密而稍软,切面平整
气味	具有火腿特有的香味,或者香味平淡	稍有酱味或豆豉味

12. 西式熏肉

西式熏肉可选猪瘦肉、排骨等为原料,经过腌制、烟熏加工而成,其特点是烟熏味重,未经煮熟时为半熟制品,食用时,要切片熟制。西式熏肉加工技术见表 2-32。

表 2-32　西式熏肉加工技术

工艺流程	技术要求
选料配方	选带皮无硬骨、皮上无毛、无刀伤残损、肥膘在 1.5 厘米以上的细皮毛猪肉,每 100 千克猪肉用浓度 20% 盐水 1.5 千克左右

5555555

续表 2-32

工艺流程	技 术 要 求
腌制清洗	用注射法把盐水注入肉内,然后入缸腌制,4~5天后胚料出缸,先用清水浸泡2~6小时,待盐卤溶化后,再清洗一次
入房熏烤	把胚料串挂在木棍或竹竿上,肉块间留有距离,挂在烤架上,进入熏房,采用无树脂的木柴生火,上面盖上木屑,徐徐生烟,温度保持在60℃~70℃,经10小时熏烤,待胚料表面呈黄色时即可
成品挂晾	成品挂晾不宜堆叠,在一般气温下挂晾1~2月,夏天挂晾1周即可
注意事项	盐卤溶化清洗时须掌握季节,夏天用冷水,冬天用温水,洗后刮去皮上余毛、油质,修去边缘表面不整齐的碎肉、油脂

13. 柴沟堡熏兔

河北省怀安县柴沟堡熏兔工艺精细,用料考究,以多种中草药为佐料,经煮制、熏烤等程序制作而成,风味浓郁、独特,并有保存期长等特点。柴沟堡熏兔加工技术见表 2-33。

表 2-33　柴沟堡熏兔加工技术

工艺流程	技 术 要 求
原料配方	原料兔100千克,选择体重2.5~3.0千克健康膘肥的青年兔;调味配料为食盐3千克、酱油3千克、面酱2千克、大蒜1千克、山楂25克、白砂糖150克;香料配方为荜拨、良姜、桂皮各20克,砂仁、花椒、肉豆蔻各15克,大料、白芷各10克

续表 2-33

工艺流程	技 术 要 求
宰杀处理	活兔采用颈部移位法处死,然后放血、剥皮、开膛、去除内脏器官和四肢下部,用清水洗净后,再用线绳将两后肢绑成抱头状,呈弓形固定
调制味汤	将香料装入纱布袋后,放入锅内水中,然后加入酱油、面酱、食盐、大蒜、山楂等煮沸30分钟,制成味汤
煮制熟化	在调味汤锅中放入兔肉,慢火焖煮3~4小时,以兔肉熟烂而不破损为宜,将煮好的兔肉捞出待用;煮肉汤冷却后去掉上层浮油可连续使用,多年的煮肉汤称"老汤",长期连续使用,味道更佳
烟熏增香	将铁锅清洗干净,在锅底部加入适量柏木末或碎屑和白砂糖,然后把待熏制的兔肉置于锅内的铁笼屉上,盖好锅盖,加火燃烧使锅内冒烟,熏制5~6分钟即可

14. 塘栖熏鸭

塘栖熏鸭是杭州市郊塘栖镇的特产,已有近半世纪的加工历史,其特点是造型美观、色泽红亮、熏香馥郁、肉质细嫩、味道独特。塘栖熏鸭加工技术见表2-34。

表 2-34　塘栖熏鸭加工技术

工艺流程	技 术 要 求
原料配方	原料鸭100千克,选择饲养期90天左右,质量约2千克的苏种鸭,这种鸭肉嫩骨脆;调味料为食盐3千克、50度白酒500克、白砂糖2千克、蒜头500克、五香粉200克

续表 2-34

工艺流程	技术要求
宰杀定形	若加工成"板鸭",其宰杀工序可参考白市驿板鸭宰杀方法;若加工成圆体状的"原形鸭",宰后开膛取内脏时,要在肛门上方开口,口稍大于 1 厘米,取出内脏,洗净后用竹篾或小木片插入胸膛,将胸背撑起,无论整成哪一种形状的,两个翅膀和小腿均要在中间关节处去掉,头部要夹在翅下
熏烤熟化	①生熏法:将洗净的白条鸭放入 90℃热水内浸 5～10 分钟,使其表层肌肉蛋白质迅速凝固,体形收缩;再将调味料加水煮制成味液,涂抹兔体内外,上挂沥干,然后将沥干兔体放置到熏锅内,以食糖与锯木屑拌和(糖与锯木屑比例为 3∶1)为熏料,干烧发烟,在见烟不见火的熏烟中熏制 30 分钟左右,即成金黄色的熏鸭,也可以采用植物油与大米拌和(比例同上)为熏料放入熏锅内熏制; ②熟熏法:先将白条鸭放入开水中煮制,温度保持在 90℃左右,约 3 小时煮熟捞起,然后将味液涂抹兔体内外,上挂沥干;最后进行熏烟(熏烟方法同生熏法),熏烟室的温度为 30℃～45℃,经 10～12 小时即成
注意事项	两种熏烤法可任选一种,但要注意掌握熏烤时间,防止烟熏过度或未达标,影响外观和味道

15. 六味斋熏鸡

六味斋熏鸡是山西太原市有名的熟制产品之一,具有造型美观、色泽鲜明、熏味芳香、肉质柔软细嫩、携带方便等特点。六味斋熏鸡加工技术见表2-35。

表2-35　六味斋熏鸡加工技术

工艺流程	技 术 要 求
原料配方	100千克白条鸡、食盐3千克、葱2千克、蒜头400克、生姜400克、花椒100克、小茴香80克
选料整形	选用当年的公鸡或1～2年的母鸡宰杀、煺毛，开膛去内脏后，清水浸泡1～2小时，去掉血污，然后将白条鸡用木棍打断鸡腿，用剪刀将膛骨两侧软骨剪断；并将爪弯曲插入鸡腹内，鸡头压在左翅下
煮制熟化	先将白条鸡放入沸水锅内初煮10～15分钟，恢复紧缩，取出冲洗，然后把配料装入布袋连同鸡一起下锅煮制，在90℃左右的水中，嫩鸡煮1～2小时，老鸡煮3～4小时
烟熏刷油	将煮熟鸡置入熏炉内，在炉底铁板上撒锯木屑和白糖(锯木屑与白糖的比例为3∶1)，将铁板烧热锯木屑起烟后，密闭熏炉，熏制15分钟，当烟变白色、鸡呈红色，即可起锅，再刷一层香油即可
注意事项	熏烤是在无水条件下进行的热加工，无论是采用锅熏或是熏炉，其熏具内一定要擦干水，熏烟程度应以闻到香味为宜

16. 乐清熏鹅

乐清熏鹅以色香味俱佳而闻名于世，特点是骨细皮薄、肉嫩

而鲜、风味独特,成为地方名优特产。乐清熏鹅加工技术见表
2-36。

表 2-36　乐清熏鹅加工技术

工艺流程	技 术 要 求
原料配方	鹅体 3.5～4.5 千克、白糖 30 克、红糖 20 克、芝麻油 10 克
宰杀除毛	采用侧颈静脉放血宰杀活鹅,同时割断气管、食道,用淡盐温水除去鹅体皮肤中的黄色素和毛囊污物;然后在 80℃～90℃ 的热水中,烫毛 3～5 分钟,用手轻拔羽毛使其皮肤完整无缺损,然后在下腹部剪开 6 厘米左右的口取出内脏,将气管、食管拉掉,保留肛门
洗净整形	冲洗后在冬天用水浸 2 小时,夏天不必水浸,直接放在容器中,腔内放少许食盐,以清除污血水,并将鹅脚从膝关节处扭向腹下大腿,即成圆筒形初胚
煮制熟化	将洗净的初胚浸入沸水中泡 15～20 分钟,然后在锅中煮 7～10 分钟,再停火焖 7～10 分钟,中途搅拌 2～3 次,以便热水进入腔内,要求鹅肉煮熟、骨头还生的程度
熏烤刷油	把熏蒸铁架放在装有食糖和锯木屑的熏坑中,点火将燃料烧至冒烟,再把晾干的鹅胚放在熏架中加盖盖好,用猛火烧 2～3 分钟,打开锅盖,每只鹅加糖 50 克(红糖 1/3、白糖 2/3),盖上锅盖再熏制 2～3 分钟后取出,趁鹅体还热用刷子将鹅身刷上一层菜油或芝麻油,以提高熏鹅的色泽度和香味
注意事项	煮制熟化关键掌握肉熟骨生

17. 济南熏牛舌

济南熏牛舌具有舌身完整、色泽呈紫绛泛红等特点。济南熏牛舌加工技术见表 2-37。

表 2-37　济南熏牛舌加工技术

工艺流程	技术要求
原料配方	鲜牛舌 100 千克,食盐 7 千克,白糖 1.5～2 千克,香料 300 克,胡椒 200 千克
洗净整形	先将牛舌用 2 千克食盐搓揉,放置 12 小时,浸出血水后再将其他配料放入拌匀,入缸腌制 7～8 天,中间翻缸 2 次,出缸后用温水漂洗干净
熏烤	把舌胚装在熏炉内,用松木粉熏烧,熏烤 7～14 小时,直至香味散发出来即可出房,冷却后包装上市
注意事项	烟熏时,烟气要徐徐冒出,闻到香味后表明牛舌已熏熟,即可开炉取出,如果时间拖延,会出现焦味,影响品质

六、肉类干态制品加工实例

1. 垫江肉干

重庆市垫江县生产的五香麻辣肉干具有肉香绵远、咸主甜次、经嚼耐品、滋味浓香等特点。垫江肉干加工技术见表 2-38。

表2-38　垫江肉干加工技术

工艺流程	技 术 要 求
原料配方	猪瘦肉100千克、食盐3.5千克、酱油4千克、生姜0.5千克、白砂糖2千克、辣椒粉1.5千克、料酒0.5千克、胡椒150～200克、味精100克、花椒粉400克
肉料整理	精选符合卫生标准的猪瘦肉,剔去筋腱和脂肪,切成1千克左右的肉块,清水洗净,排除血污,捞起顺丝切成3～5厘米的长方条
熬汁卤制	将生姜、辣椒粉、胡椒、花椒粉加清水20千克置于锅中,熬2小时左右,滤出料渣;再将白砂糖、食盐、酱油、味精等调味料与肉条一起下锅,大火煮20～30分钟后,小火煨1～2小时,待卤汁水基本收干时起锅
焙烤	将肉胚放进烤筛,送入烤房的架子上,温度控制在60℃～80℃,烤5～8小时,翻筛2～3次,出房即成芳香的肉干,成品用陶瓷容器、塑料袋分装,放干燥通风、阴凉的仓库内存放
注意事项	肉胚进烤房排架时,筛与筛间不宜过密,更不能重叠,以便四面受热均匀

2. 五香牛肉干

五香牛肉干是我国久负盛名的特产,甜咸适口,肉香浓郁,全国各地均有生产,工艺大同小异,配方不一。

(1)肉料处理　选精牛肉,去筋、膜、肥脂,切成0.5千克重的条块,入清水浸泡约1小时,浸去血水、污物,再下锅煮沸至肉块呈红色时捞起,撇去浮沫,原汤待用。肉待冷却后按需要切成条、块、片、丁状都可以。

(2)配料 不同产地五香牛肉干配料见表 2-39。

表 2-39　不同产地五香牛肉干配料(每 100 千克鲜牛肉)

(单位:克)

品名	江苏靖江	北京市	重庆丰都	江苏苏州	浙江天台
食盐	2000	1750	8000	2000	2500
白糖	8250	4500	6000	6000	18000
酱油	2000	9500	100	6000	12000
味精	187.5		500		220
生姜	187.2	500	1000		2500
酒	625	750		2000	1200
甘草粉	62.5				
茴香粉	187.5	150	200	200	220
花椒		150	100		
桂皮		300			220
丁香		50			

(3)煮制调味 将各种辅料放入原汤中煎熬至浓度增加,再把切好的肉胚下锅,文火收汁,直至锅内汁干液净时起锅。

(4)焙烤 将肉胚捞起,摊入竹筛,进 60℃～80℃ 的烤房内焙烤 6～8 小时,肉胚干爽质硬即可出房。成品率为 30%～35%。采用塑料袋密封包装。

3. 风味羊肉干

(1)加工技术 风味羊肉干以羊肉为原料,选择不同风味调味料腌制成五香味、麻辣味和咖喱味等,形状有丁状、粒状、条状等。风味羊肉干加工技术见表2-40。

表 2-40　风味羊肉干加工技术

工艺流程	技 术 要 求
原料配方	100千克羊肉、酱油2.5千克、白糖5千克、白酒3.5千克、味精100克、丁香50克、小茴香20克、生姜20克、五香粉40克,若是加工其他口味的可另加辣椒粉2.5千克或咖喱粉2千克
预煮切丁	先将原料肉的脂肪和筋腱剔除,洗净沥干,切成0.5千克左右的肉块,再将肉块放入锅内清水中煮开,撇去肉汤上的浮沫,煮制10~15分钟后捞出冷却后,将肉切成1.5立方厘米的肉丁
加汤复煮	取部分原羊肉汤加入调料酱油、白糖、白酒、味精,煮沸10分钟,再加入切好的原料肉丁先用大火煮制20~30分钟;然后改文火煮,待汤汁快干时改为大火;复煮时,要经常翻动,防止肉烧焦
蒸煮调味	将肉取出放入高压锅内,在压力0.12兆帕条件下,蒸煮10~15分钟;高压蒸煮时,要控制压力和时间以免肉丁过分酥烂影响外形;高压蒸煮后,拌入丁香、小茴香、五香粉;若是加工其他口味的另加辣椒粉或咖喱粉
焙烤	烤箱温度控制在60℃~70℃,焙烤3~4小时,其中要不断翻动肉干,烤至不黏手时即可出烤箱,干燥后取出冷却,用塑料袋包装

(2)感官特征　不同风味羊肉干的感官特征见表2-41。

表 2-41　不同风味羊肉干系列产品的感官特征

味型	色泽	滋味和气味	口感
五香型	褐色	五香味浓,咸甜适中,鲜香可口,无异味	易嚼,酥软
麻辣型	褐红色	麻辣味浓,风味独特,咸味适中,无异味	易嚼,酥软
咖喱型	黄褐色	咖喱味浓,辛香味甜,鲜香可口,无异味	易嚼,酥软

4. 鹌鹑肉干

鹌鹑肉干加工技术见表 2-42。

表 2-42　鹌鹑肉干加工技术

工艺流程	技 术 要 求
宰杀剥皮	鹌鹑肉 5 千克、精盐 50 克、白砂糖 50 克、味精 20 克、甘草粉 18 克、姜粉 10 克、胡椒粉 10 克、特级酱油 650 克、料酒 150 克、枸杞 15 克、远智肉 1.5 克、益智仁 10 克
沥干预煮	先将鹌鹑从颈部放血宰杀,血放尽后剥皮;取其胸脯和大腿肌肉,放在冷水中浸泡 1 小时,浸出肌肉中的余血,沥干
加料煮制	将沥干的肉块放入配有 1.5% 精盐、桂皮、大料的沸水中煮制,水温保持 90℃ 以上,随时清除汤中的油沫,煮制 1 小时左右即可

续表 2-42

工艺流程	技　术　要　求
配液复煮	将白砂糖、味精、甘草粉、姜粉、胡椒粉、酱油、料酒、精盐,加水熬煎成 300 毫升左右的清液,放入肉块中再煮 30 分钟后,将肉取出摊排于烤筛上
焙烤温度	将摊有肉块的烤筛放入烤箱架上,温度保持在 50℃～60℃,烤制 7 小时左右,焙烤中每隔 1～2 小时换一次筛位,同时翻动肉干
注意事项	配液复煮环节应勤翻动,待汤快熬干时,再倒入料酒、味精,出锅时将肉片在烤筛上摊开、晾干

5. 靖江猪肉脯

靖江猪肉脯是江苏省名优肉脯食品,特点是色泽鲜艳、甜中微咸、携带方便。靖江肉脯加工技术见表 2-43。

表 2-43　靖江肉脯加工技术

工艺流程	技　术　要　求
原料配方	猪肉 100 千克、特级酱油 8.4 千克、白砂糖 13.4 千克、胡椒粉 100 克、鸡蛋 3 千克、味精 500 克
选料初煮	将选好的猪后腿净瘦肉除去油脂、筋腱,切成薄片,也可以先切块急冻至中心温度为 −2℃ 时,再用刀切片
配液腌煮	将配料混合溶解,拌入肉片腌制 30 分钟后,把肉片平摊于筛上,若是铁筛要先抹点油,然后入烘房烤制

续表 2-43

工艺流程	技术要求
焙烤	肉片进烘房焙烤 5～6 小时,温度保持 50℃～65℃即成半成品,然后置于筛内,放入 150℃的高温烤炉内焙烤至熟

6. 香酥牛肉丝

香酥牛肉丝是以牛小腿肉、里脊肉、腰部肉、腹部肉做原料、经过加工烤制成一种食品。香酥牛肉丝加工技术见表 2-44。

表 2-44 香酥牛肉丝加工技术

工艺流程	技术要求
原料配方	牛肉 100 千克、食盐 2.4 千克、白砂糖 2.4 千克、花椒 300 克、生姜 900 克、复合香辛料 900 克(辣椒粉 380 克、蒜头 400 克、丁香 50 克、小茴香 30 克、五香粉 40 克)、味精 1.5 千克、大曲酒 1.1 千克、橘饼 1 千克、冰糖 900 克、固体酱油 500 克、小磨香油 2.5 千克、植物油 3000 千克(实耗 600 克)
肉块煮制	将牛肉顺肌纤维分割成 1.2 千克重的肉块,再将分割的牛肉逐块整修,去掉全部皮下脂肪和外露脂肪,切掉筋膜、淋巴等,保持牛肉的肌膜完整;将修整好的牛肉块置于 35℃～40℃的温水中漂洗 15 分钟,除净血污,然后再将漂洗干净的牛肉块放入沸水锅中,按配方加入食盐、生姜、花椒、味精、大曲酒、橘饼、固体酱油,煮约 1.5 小时,至牛肉熟透,出锅摊开凉至室温
顺肌撕丝	将煮熟晾凉的牛肉放在案板上,顺牛肌肉纤维组织方向撕成丝状,基本达到肉丝长度为 22 毫米,直径 1.2 毫米即可

续表 2-44

工艺流程	技 术 要 求
油炸酥化	将撕好的肉丝分批投入油温为 120℃～140℃ 的油锅中进行油炸,在不断翻锅的过程中,加入复合香辛料和冰糖,待肉丝炸至红棕色,且相互之间不粘连时即可出锅
焙烤	将油炸过的肉丝再送入烤炉中,以 50℃ 焙烤 72 分钟,然后在出炉的肉丝中加入小磨香油,拌均匀即为成品,成品肉丝可装入复合薄膜袋中,抽真空后密封

7. 鼎日有猪肉松

(1)加工技术 鼎日有猪肉松为福建省名产之一,生产历史悠久,特点是色泽深红,颗粒大小均匀,质酥柔软,入口即化,香味浓郁。鼎日有猪肉松加工技术见表 2-45。

表 2-45 鼎日有猪肉松加工技术

工艺流程	技 术 要 求
原料配方	猪瘦肉 100 千克、白色酱油 8 千克、白砂糖 7 千克、红糟 5 千克、五香料粉 400 克、植物油 500 克、猪油 300 克、味精 500 克、酒适量
选料整理	选择猪后腿肉或其他部位的瘦肉将鲜肉切去肥肉部分,去掉脂肪,剔去筋膜,顺横纹切成 10 厘米长的条状,然后洗净、沥干备用
肉胚煮制	将铁锅洗净擦干,放入植物油烧沸,加入红糟烧透,再投入酱油以及适量清水,用文火煮 20 分钟,除去糟渣和浮沫;然后把切好的肉料下锅煨至肉烂,用锅铲不断翻动,挤压肉块,使水分逐渐蒸发,待肉纤维疏松不成团时,即成肉胚

续表 2-45

工艺流程	技 术 要 求
微火炒焙	将肉松胚放到锅里,迅速均匀地反复搓擦炒焙,待炒至肉五成干时,将酒、味精、白砂糖溶化后,倒入锅内,微火加热,继续炒焙
搓擦蓬松	将炒过的肉松胚抖散,使纤维蓬松;拣出搓不散的肉块,再将猪油加热熔化为液体,倒入锅内;然后把肉胚下锅继续炒焙,炒至用手揉搓肉块感觉纤维有弹性,且无润潮感,一般可达九成半干燥,即可起锅

(2)产品质量 肉松成品规格有两种:一种是纤维蓬松细长,富有弹性、无肉块、无油、无水分,颜色金黄,深浅适中,香味纯正浓厚;另一种成品为圆粒状,大小均匀,无硬粒,不焦煳,酥香柔软,入口即化。每 100 千克瘦肉可加工成品 35 千克。

8. 平都牛肉松

平都牛肉松是四川名特产品之一,特点是色泽金黄、味道清香。平都牛肉松加工技术见表 2-46。

表 2-46 平都牛肉松加工技术

工艺流程	技 术 要 求
原料配方	鲜牛肉 100 千克、白砂糖 8 千克、食盐 3 千克、白酒 60 克、白酱油 14 千克、生姜 1 千克
原料处理	选新鲜牛后腿肉,剔除筋头、油膜,并用清水洗净,排除血污,下沸水焯一下,撇去油污和浮沫,把水换掉

续表 2-46

工艺流程	技　术　要　求
肉胚煮制	100千克原料肉用清水30～35千克,置于锅中煮沸,煮时搅动肉块使油沫浮现后,放入生姜、食盐再煮3小时左右,撇去汁液上的油质和浮沫,然后把汁液舀起,只留少许在锅内,用锅铲将肉松胚全部拍散呈丝状,再将原汁倾入锅内,边煮边撇去浮沫,待30分钟后加入白酒,继续撇几次油后加入其他配料文火拌煮直至汤干油尽
烘搓	加料后的牛肉松起锅后,盛入竹簸箕内,放在锅口上,以原灶内余火慢慢焙去水分,约12小时后,便起锅用木制梯形搓板反复搓松,除去肉头、杂质,冷却即为成品;成品率达30%～35%;可用盒、瓶、罐和塑料袋装,置干燥处能保存3个月

9. 羊肉松

羊肉松的特点是蓬松、绵软、入口酥香。羊肉松加工技术见表2-47。

表 2-47　羊肉松加工技术

工艺流程	技　术　要　求
原料配方	瘦羊肉50千克、食盐3.5～4千克、醋1.5千克、白砂糖2.5～4千克、白酒0.75～1千克、生姜250克、味精100～150克、五香粉400克
原料处理	选用瘦肉多的前后腿肉为原料,先剔去骨头,把脂肪、筋腱和结缔组织分开;再将瘦肉切成3～4厘米见方的肉块

续表 2-47

工艺流程	技术要求
肉材煮烂	将切好的肉块生姜、香料粉（用纱布包起）放入锅中，加入与肉等量的水，用大火煮至熟烂，约需要4小时，煮肉期间要不断加水，以防煮干，并撇去上浮的油沫；检查肉是否煮烂的方法是用筷子夹住肉块，稍加压力，如果肉纤维自行散开，表明肉已煮烂，这时可将其他配料全部加入继续煮制，直到汤煮干为止
中火炒焙	取出生姜和香料粉，采用中等火力，用锅铲一边压散肉块，一边翻炒，炒焙时间为30~40分钟
小火炒松	用小火炒肉松时，要勤炒勤翻，操作轻而均匀，当肉块全部炒松散时，颜色即由灰棕色变为金黄色，即为成品
注意事项	肉松的吸水性很强，长期贮藏时最好装入玻璃瓶或马口铁盒中，短期贮藏可装入食品塑料袋内；刚加工成的肉松趁热装入预先经过洗涤、消毒和干燥的玻璃瓶中，贮藏于干燥处，半年不会变质

10. 溶陵鸡肉松

溶陵鸡肉松的特点是色白丝长、油质净、味清香。溶陵鸡肉松加工技术见表2-48。

表 2-48 溶陵鸡肉松加工技术

工艺流程	技术要求
原料配方	鸡肉 50 千克、食盐 1.3 千克、白砂糖 2.2 千克、黄酒、老姜各 125 克
宰杀整理	选择健康活鸡,将宰后的鸡去毛、头、脚和内脏洗净
煮制熟化	肉料下锅后,大火煮 10～20 分钟,撇去泡沫,加盖盖严,并用湿布封紧锅口四周,焖煮 3 小时,前 1 小时宜用大火,后 2 小时宜用微火;然后将肉捞出,去除骨、油筋、杂质,并将撕下的肉捏细捏烂,再入锅煮制
调入味料	待煮沸时,加入黄酒、老姜、食盐煮 1 小时后加入白砂糖,在焖煮过程中须经常翻动、撇油,一定将油质撇尽,否则成品不能久藏;待肉料煮至六成干时出锅
焙烤搓丝	出锅后间隔 12 小时进行炒焙,用微火炒 1.5 小时,待肉料干燥和松散时出锅;将干净的木搓板放在簸箕中用手揉搓肉料,搓时用力要均匀、适度,搓成丝绒即为成品

11. 兔肉松

兔肉松的特点是纤维细长,肉质柔软,富有弹性,香味纯正。兔肉松加工技术见表 2-49。

表 2-49　兔肉松加工技术

工艺流程	技 术 要 求
原料配方	100 千克兔肉、酱油 8 千克、白砂糖 6 千克、黄酒 6 千克、生姜 150 克、味精 35 克
原料处理	将兔肉去骨、脂肪、筋腱等,然后顺肉纤维的纹路切成 33 厘米长的短条儿
肉料煮制	先将兔肉放入锅内,加水没过肉面,以旺火煮 1 小时后,再以小火焖 2 小时,撇除汤面上的浮油,扯散肌纤维,加入酱油、白砂糖,继续用文火焖煮;煮至汤快干时,改用中火,并加入所有调味料,用铁铲不停地翻炒,并拉扯肌纤维,防止糊焦,制成半成品,半成品含水分为 40% 左右,质量为鲜肉的 50%
焙炒	半成品入炒松机内继续加温,复炒至肉料干燥松散;如果无炒松机也可重入锅内复炒,但应注意根据成品含水情况调节炉火大小,防炒糊

七、香肠香肚制品加工实例

1. 风味香肠

(1)加工技术　香肠又叫腊肠,为我国传统肉制品,采用猪、牛、羊肉等为原料,切碎调味后,充填入肠衣内,经过发酵、烤、熏工序熟化制成。市场常见的有猪肉腊肠、鸡肉腊肠、牛肉腊肠、羊肉腊肠等。风味香肠加工技术见表 2-50。

表 2-50　风味香肠加工技术

工艺流程	技术要求
原料配方	猪肉 50 千克、碎肉 15 千克、五花肉 30 千克、硬脂肪 5 千克、食盐 3 千克、白砂糖 4.5 千克、白胡椒粉 25 克、辣椒粉 0.5 千克、花椒粉 50 克、鲜蒜汁 1 千克、肉豆蔻粉 25 克、黄酒 1.5 千克
肉料加工	猪肉要求新鲜,最好是采用猪前后腿的肌肉,剔骨后的原料肉切成 10 厘米大小、厚度为 1.5～2 厘米的肉块,然后放在清水中浸泡洗涤,使血水洗净,洗好的肉放在带孔的容器中,待水分沥净,再切成 1 厘米左右的肉丁放入 4℃～7℃冰箱中冻 12 小时,让其发色
肉馅调制	将肉料用 80℃左右的热水冲洗,并不断翻动,冲洗两次将水分沥干后加入配方中所有配料,固体性配料应事先溶化后加入,以免拌和不均影响质量;在拌馅时,要加入适量的温水,冬季时水温可以高些(65℃左右),水量少些,夏季水温可以适当低些,水量要加多些
肠衣灌馅	选用直径 28～30 毫米的猪小肠和羊小肠加工成的干肠衣,要求肠衣质地好,色泽洁白,厚薄均匀无花纹;肠衣在灌馅前应放在温水中浸泡 10 分钟,待其柔软后用来灌制;灌制时,应注意灌实,灌馅后在肠上刺出孔洞,以便排出内部的气体

续表 2-50

工艺流程	技术要求
打结晾晒	将灌好后的腊肠放在 40℃ 左右的清水中清洗两次,然后将肠每隔 15 厘米打一个结,中间用细绳吊起来;灌实打好结的腊肠要挂在太阳下晒半天,把肠面的水分晒干
焙烤	采用木材烤制腊肠能去除肠衣表面的异味,且价格低廉、易得,一般温度控制在 50℃～55℃,将腊肠在烤架上排开,烤 24～36 小时即可;采用烤机焙烤时,应置于 60℃ 温度下烤 8 小时

(2)感官指标 香肠(腊肠)、香肚的感官指标见表 2-51。

表 2-51 香肠(腊肠)、香肚的感官指标

项目	一级鲜度	二级鲜度
外观	肠衣(或肚衣)干燥完整且紧贴肉馅,无黏液及霉点,坚实或有弹性	肠衣(或肚衣)稍有湿润或发黏,易与肉馅分离,但不易撕裂,表面稍有霉点,但抹后无痕迹,发软而无韧性
组织状态	切面坚实	切面齐,有裂隙,边缘部分有软化现象
色泽	切面肉馅有光泽,肌肉灰红至玫瑰红色,脂肪白色或微带红色	部分肉馅有光泽,肌肉深灰或咖啡色,脂肪发黄
气味	具有香肠固有风味	脂肪有轻度酸败味,有时肉馅带有酸味

2. 如皋香肠

如皋香肠系江苏省名产之一,用料讲究,制作精细,条形整齐,红白分明,肥瘦均匀,味鲜色美,风味独特,畅销国内外。如皋香肠加工技术见表 2-52。

表 2-52　如皋香肠加工技术

工艺流程	技术要求
原料配方	猪瘦肉 75 千克、肥肉 25 千克、食盐 2.5 千克、白砂糖 1.5 千克、酱油 1.5 千克、50°白酒 1 千克、大茴香 10 克、小茴香 10 克、豆蔻 15 克、桂皮 10 克、白芷 15 克、丁香 10 克,将上述香料碾成粉状
选料切碎	选择猪后大腿的肌肉,将瘦肉剔骨,除去浮油、软骨、伤瘢、瘀血块,再顺着肉纹切成长 10 厘米、厚 1.5～2 厘米的小块,放入清水中浸泡、洗净,浸出肌肉中血液,如残余血液没洗净,则影响成品色泽,洗好后的肉块,放入有孔隙的容器中,沥干水分,剁碎,有条件的采用绞肉机绞制
肉馅制作	肥肉丁用 80℃左右的热水冲洗,洗掉浮油和污物,防止互相之间粘连,且经热水冲后,肥肉丁变得柔软滑润,易于与瘦肉丁拌和均匀;将肥肉丁和瘦肉丁混合拌匀,先将香料用纱布包裹,置于锅中加水 2 千克,煮 30 分钟出味后取出,然后将配料全部倒入锅中,溶解成味液加入肉馅中拌匀;拌馅时,加入适量的水(按 100 千克原料加 14～15 千克水比例加入)拌匀;加水后的肉馅,应迅速搅拌,并尽快进行下一道工序

续表 2-52

工艺流程	技 术 要 求
灌肠排气	把干肠衣浸入温水中,呈半软状即可灌入肉馅,灌入肉馅时,先用麻绳结扎好末端;再用漏斗把调好的肉馅灌入肠衣内,灌料至 12～15 厘米时用绳结扎,以此灌料、结绳,直至灌满全肠;灌肠过程中发现肠内有空气时,应随即用针刺排气
吊挂晾干	房内放 3 层不同高度的架子,用于吊挂香肠;把灌满料的香肠用麻绳吊起,头两天可在阳光下晾晒,以后可放在透风处挂晾风干
焙烤	焙烤温度控制在 60℃左右,每隔 6 小时调换上下层吊挂的位置,焙烤时间控制在 50 小时左右;烤房温度保持恒定,阴雨天气烤房内温度可适当提高 2℃～3℃
注意事项	肥肉块不能用绞肉机绞,加工时,可手切加工成 0.6 厘米见方的肉丁;灌满扎绳后的湿肠应放在温水中漂洗一次,除去附着的污染物

3. 西式牛肉香肠

西式牛肉香肠是以牛肉或牛内脏为主要原料、采用西方传入的生产工艺加工而成的香肠制品,与中式牛肉香肠在外形、风味、主料、配料,以及加工工艺等方面都有明显区别。西式牛肉香肠加工技术见表 2-53。

表 2-53 西式牛肉香肠加工技术

工艺流程	技术要求
原料配方	牛肉 100 千克、猪肥膘 10 千克、白砂糖 6 千克、食盐 2.6 千克、味精 150 克、生姜 1 千克、蒜头 1 千克、冰块 25 千克
绞肉腌制	牛肉去骨后再修去软骨、硬筋、淤肉、伤斑、淋巴结等,然后切成 1～1.5 厘米的条块;猪肥膘先切成 0.6 厘米厚的薄片,装入浅盘内冷藏至变硬后切成 0.6 厘米见方的肥肉丁加入食盐拌匀,置于拌料机内搅拌,然后送入腌制室,在 1℃～3℃的温度条件下,腌制 1～2 天,先用 1 毫米孔径的筛板粗绞一遍后放回腌制室,继续腌制 1～2 天,再用小孔径的筛板细绞两遍,绞肉时,肉温应不高于 10℃
加冰斩拌	斩拌前先把食盐、白砂糖、味精、生姜、蒜头混合均匀,将冰削成屑并称好备用(冰屑添加量应占原料肉的 10%～25%);斩拌时,先将牛肉放入斩拌机内均匀铺开,然后开动斩拌机加入冰屑和上述调料混合均匀后再添加猪肥膘;整个斩拌过程为 10～20 分钟,肉温控制在 10℃以下
肉馅灌制	灌制前应先将肠衣清洗,沥干水分,一端打结,另一端套在灌肠机的灌筒上,并将其捋到打结的一端;搅拌好的肉馅用连续式肉糜输送机或上料机输送到灌肠机的料斗内,开动真空装置,抽去肉馅内的空气,开动灌肠机进行灌制;灌制的肠要松紧得当,灌得过松会影响香肠的弹性和结着力,灌得过紧会在煮制时因热胀而破裂;灌制中可采用自动结扎机自动结扎后再送到定数链式输送机上进行自动悬挂

续表 2-53

工艺流程	技 术 要 求
控温焙烤	焙烤可在电加热的烤房内进行,要等到烤房温度升到 50℃以上时,再把香肠放入;烤房内香肠与火焰的距离,应在 60 厘米以上;烘烤过程中,每隔一定时间须调换香肠的位置,以利烤匀;烤温和时间因香肠的种类和大小而异,一般细香肠采用 50℃~60℃温度为宜,烤 20~25 分钟;中等粗细香肠以 75℃~85℃温度,烤 40~45 分钟;粗香肠用 60℃~90℃温度,烤 70~85 分钟;烤至肠衣表面干燥、呈半透明状、肉饮红润、摸时无黏湿感、有沙沙响声时,即可出烘房
加热煮制	煮制可杀死病原菌,停止内源酶的活动,使蛋白质凝固,结缔组织中的一部分胶原蛋白变成明胶,使肉易于消化;煮制通常采用水煮法,每 100 千克香肠须用水 300 千克;在煮制时,先将锅内水温加热到 90℃~95℃后加入香肠;香肠入锅后的水温要保持 78℃~84℃,煮制的时间因香肠大小、粗细不同而异,一般细香肠煮制 10~17 分钟,中等粗细香肠煮 40~50 分钟,粗香肠煮 80~90 分钟
烟熏干燥	熏烟房内先垫放下含树脂的木柴,上面再覆盖一层无树脂的锯末,点燃木柴后,关闭熏烟房,使木柴缓慢燃烧进行熏制;熏制过程中,要使香肠间保持一定间隔,以利熏烟均匀,香肠下端离地面要在 1 米以上,以防熏焦,烟熏的时间一般为 6~7 小时,香肠熏至肠衣表面干燥产生光泽,透出肉馅红色,并有分布均匀的核桃壳式皱纹为止

续表 2-53

工艺流程	技 术 要 求
冷却包装	烟熏好的香肠经自然冷却后,除去肠衣上的烟尘即可包装,包装后,送入 0℃～10℃、相对湿度为 72% 的冷藏库内贮存

4. 发酵羊肉香肠

发酵羊肉香肠的特点是肠体表面干燥,色泽灰白略带粉红,品味适口性好。发酵羊肉香肠加工技术见表 2-54。

表 2-54 发酵羊肉香肠加工技术

工艺流程	技 术 要 求
原料配方	羊肉 100 千克、白砂糖 5 千克、食盐 2 千克、大蒜 1 千克、胡椒粉 300 克、味精 100 克,冰水适量
修整斩碎	原料选择经兽医卫生检验合格的羊后腿肉,修净筋腱、污物,瘦肉和脂肪的比例是 9∶1;将羊肉放入搅拌机内斩碎,搅拌的程度越细,蛋白质的提取会越完全,产品的切片性也会越好;斩拌时,把大蒜、胡椒粉、味精同时加入,并加入适量的冰水,以降低斩拌温度,斩拌温度一般控制在 10℃以下
灌肠打结	将搅拌均匀的羊肉糜料灌装于羊肠衣中,灌紧装实,按每节 18～20 厘米长打结,用温水冲去肠体表面油污,然后将灌好后香肠置于 32℃～35℃、相对湿度为 80%～85% 的室内放置 20～24 小时,当酸碱度达 pH 5.0～5.2 时即转入焙烤

续表 2-54

工艺流程	技 术 要 求
焙烤	将肠体送到 55℃～60℃ 的烤箱内,烤 8～10 小时,当肠体表面干燥,色泽呈灰白色略带粉红色即为成品

5. 红肠

红肠又称迷你大红肠,外表呈枣红色,有核桃皱纹,干爽,切断面滑,肉与肉紧密,美味可口。红肠如图 2-13 所示。红肠加工技术见表 2-55。

图 2-13 红肠

表 2-55 红肠加工技术

工艺流程	技 术 要 求
原料配方	猪前后腿肉 50 千克、五花肉 40 千克、背部硬脂肪 10 千克、食盐 2.5～3 千克、白糖 22.5 千克、玉米淀粉 8～15 千克、味精 25～50 克、大豆分离蛋白粉 5 千克、黑胡椒 300 克、曲酒 500 克、肉豆蔻 60 克

续表 2-55

工艺流程	技术要求
修整腌制	原料肉按品种分类,修去残留的碎骨、筋腱、瘀血、伤斑、淋巴结等,然后把精肉切成 0.5 千克左右的条状,肥肉加工成 0.5～0.6 厘米的肉丁块,装盘冷冻,做膘丁使用;将修整好的胚料分类装入不锈钢浅盘内,食盐和肉块拌匀后,置于 3℃～4℃的冷库内,冷藏腌制 24～48 小时,腌制时,肥膘和瘦肉应分开,不可混在一起
绞碎制馅	肉块腌好后,需要进行绞碎处理,大多数灌肠要求用 2～3 厘米直径圆眼的筛板进行绞碎,绞碎后装入圆盘中置于冷库内,继续冷藏 24～48 小时待用;把绞碎腌制好的肉糜置于斩拌机内剁斩 3 分钟,将玉米淀粉和大豆分离蛋白粉调制好同其他配料一起加入肉馅内,继续斩拌 1～2 分钟即可停机,总时间为 5～7 分钟
拌馅灌肠	首先把肠衣套在肠馅出口套管上开始灌馅,灌进的肠馅要松紧一致;结扎的方法因品种不同而稍有差异,肠的直径粗约 4.0 厘米,长约 42 厘米,肉肠灌好以后,另一端用棉绳扎紧,余出 10～12 厘米长的绳子,再打结,便于吊挂
焙烤煮制	炉温预热至 60℃～70℃时,把灌肠放进去,烤制过程中要调换位置,以免烤焦或烤得不均匀,炉内温度应保持在 65℃～85℃(以下层灌肠尖端的温度为准),一般粗灌肠烤 45～80 分钟,细灌肠烤 25～40 分钟;在 85℃～90℃时下锅煮制,温度保持在 78℃～84℃,煮制的时间随灌肠的粗细而定,直径为 1.8 厘米的约 20 分钟,直径 3.5 厘米的为 30～40 分钟,直径 5.0 厘米的为 50～60 分钟

续表 2-55

工艺流程	技术要求
烟熏	烟熏的温度和时间随灌肠的种类而定,方法是先在熏室内架起木材,点火燃烧,将熏室预热一下,待室内温度普遍升至 70℃～80℃时,即可把煮好的灌肠挂入,开始时,灌肠水分大,可将温度升至 80℃～90℃时,开门熏制,开门时间为 15～20 分钟,这样可提高气流速度,让水分尽快排出,然后再加入木屑,压低火温,使熏室温度降至 40℃～50℃,并关闭室门,用文火烟熏
注意事项	灌肠主要是用瘦肉做肉馅,肥肉一般切成小的立方块,按照一定的比例加入肉馅中使用,以成熟的新鲜肉最好,这样可以提高内馅的保水性和弹性;烟熏的时间一般控制在 3～5 小时,待外表呈枣红色、肠体起皱纹、干爽时即可

6. 兔肉香肠

兔肉香肠加工技术见表 2-56。

表 2-56 兔肉香肠加工技术

工艺流程	技术要求
原料配方	鲜兔肉 75 千克,猪肥膘肉 25 千克,大豆分离蛋白粉 10 千克,淀粉、白砂糖各 3 千克,松子仁 4.5 千克,食盐 2.5 千克,芳香型酒 2 千克(50%),味精、白胡椒粉各 300 克,生姜粉 400 克,肉豆蔻、桂皮各 100 克,葱 200 克,大蒜 150 克,丁香 70 克,冷水适量

续表 2-56

工艺流程	技　术　要　求
肉馅制作	将宰杀的家兔去骨、去脂,切成 100 克重的肉块;将猪肥膘切成0.8～1 厘米见方的膘丁,再用 40℃清水洗去膘丁表面浮油,沥干待用;将兔肉块用绞肉机绞成肉糜,再将肉糜、食盐、白砂糖混合均匀,在 16℃～20℃下腌制 20～28 小时;将去除红内衣的松子仁加热炒至表面黄亮待用;大豆分离蛋白粉在凉水中调成糊状,再将腌后的肉料、肥膘丁、冷水(或冰水)、淀粉、大豆分离蛋白糊、熟松子、其他配料等在搅拌机内拌和,搅拌时间为 6～10 分钟,搅拌速度在 60～80 转/分钟
灌馅打结	将直径 24～28 毫米的干制猪肠衣用温水浸泡,再用清水洗净、沥干;将肠衣一端用绳扎紧或打成纽扣结,将拌好的肉料灌入肠内,灌料要求均匀无气泡,每 25 厘米为一节,人工扭制成结;将灌好的肠悬于竿上,再将香肠在清水中洗去表面附着物,然后置于通风干燥处悬挂晾干
熏烤	用硬杂木及其潮湿木屑为熏材,将上竿晾好的香肠送入熏室,在 40℃～50℃温度下熏烤 24～30 小时,使香肠形成良好的色泽和烟熏风味,然后将熏好的香肠置于烤室内,焙烤初温控制在 50℃下烤 10 分钟,然后在 70℃～75℃温度下焙烤 50～70 分钟

7. 欧式茶肠

茶肠是欧洲人喝茶时用的肉制品,也是熟灌制品之一,外表基本同大红肠相似,鲜嫩可口。欧式茶肠加工技术见表 2-57。

表 2-57　欧式茶肠加工技术

工艺流程	技 术 要 求
原料配方	猪前后腿瘦肉 50 千克、五花肉 20 千克、硬脂肪 10 千克、玉米粉 125 克、白胡椒粉 200 克、鸡蛋 100 克、大蒜 200 克、食盐 3.5 千克
清理腌制	将猪前腿去除骨、皮、血块、淋巴结等用食盐在 4℃～7℃下腌制 1～3 天
绞碎复腌	将腌好后的肉用直径圆眼为 2～3 厘米的筛板进行绞碎或用斩拌机斩成肉糜状,继续腌制 24～36 小时
拌匀灌肠	把肉馅取出倒入真空搅拌机内,放入其他配料,经 13 分钟搅拌均匀后,进行灌制;灌制用的肠衣口径为 60～70 毫米,灌好后的肠每根长约 45 毫米
焙烤	肉肠放入烤箱内,在 50℃～80℃温度下焙烤 2～4 小时即可

8. 法兰克福肠

法兰克福肠俗称"热狗肠",因其常用于快餐"热狗"而得名,是一种典型的乳化香肠。法兰克福肠加工技术见表 2-58。

表 2-58 法兰克福肠加工技术

工艺流程	技术要求
原料配方	猪腿肉 50 千克、五花肉 40 千克、脂肪 10 千克、食盐 3 千克、大豆蛋白 3 千克、淀粉 5 千克、味精 250 克、白胡椒粉 200 克、大蒜 100 克、白砂糖 1 千克
制馅灌肠	猪肉去除骨、皮、淋巴等洗净后用绞肉机或斩拌机在低温下进行斩碎,然后放入配方中各种配料搅拌均匀,在真空灌肠机出料口,套上口径 22 毫米的猪肠衣,充填肉馅,灌肠后打结
焙烤烟熏	灌肠后进行焙烤,温度控制在 50℃～80℃,时间为 2～4 小时;然后入熏室内用糖和锯木屑熏 3～5 小时
蒸煮冷却	熏烤后的肉肠再煮制 1～1.5 小时,温度控制在 80℃～95℃,然后移出蒸锅,冷却后即为成品
注意事项	肠衣充填肉馅要求肠体松紧一致,长短一致

9. 南京香肚

南京香肚的特点是形似苹果,肚衣绵薄,富有弹性,肉质紧密,红白分明,食用时香嫩爽口,不油不腻,略带甜味。香肚如图 2-14 所示。南京香肚加工技术见表 2-59。

图 2-14 香肚

表 2-59 南京香肚加工技术

工艺流程	技术要求
原料配方	香肚馅料配方为猪瘦肉 70 千克、猪肥膘 30 千克、白砂糖 5 千克、精盐 5 千克、白酒 500 克、五香粉 100 克
肚皮处理	用来制作香肚皮的猪膀胱必须来自健康猪体且要新鲜、无破洞、无病变,大小适中;膀胱颈及其两侧的输尿管与膀胱体之间必须留有一定的距离;将选好的猪膀胱用剪刀剪去其外表的脂肪、筋膜等,剪去过长的膀胱颈,一般只留 3~4 厘米长,以便充气,但切忌剪破膀胱壁;剪完后把膀胱翻过来,刮洗干净,接着将其沥干水分备用
擦盐腌制	每 10 千克的肚皮用精盐 1 千克,分成两次擦盐,第一次在肚皮的内外涂抹干盐,用盐量约占总用盐量的 70%,并放在缸中加盖封严贮藏 10 天,再行第二次擦盐,即将剩下的 30% 的盐擦完,再放回缸中贮藏 3 个月后,从盐卤中取出,再放以少量干盐搓揉腌制,然后放入布袋中晾挂备用;盐腌是去除尿臊味的最经济有效的方法
制馅装肚	按照配方原辅料比例制作肚馅,将瘦肉切成细长条,肥膘切成小肉丁,然后将配方中的白酒、精盐、白砂糖、五香粉等放入肉内拌均匀,静置 30 分钟左右,待各种配料充分融合渗透后,即可装肚;根据肚皮的大小不同,将称好的肉馅放入肚内,通常每个肚皮装馅 200~250 克,较大的可装馅 300~350 克;装肚时先把馅放进大搪瓷浅盘中,用左右手的中指与大拇指捏住肚边,向外翻,使肚口张开再把肉馅装进肚内;同时用竹签在四周刺上 10 多个针孔,排出肚内空气,再放在桌子上揉几下,最后用麻绳扎口

续表 2-59

工艺流程	技 术 要 求
烘烤干燥	扎口后的香肚可置于 50℃ 烤炉内烤 4～5 小时,干燥的香肚其肚皮透明,肥膘与瘦肉颜色鲜明,肚皮和扎口干透;烤干后的香肚用剪刀剪去扎口的长头部分,每 10 只香肚挂串一起,放在通风干燥的库内,肚与肚之间保持一定的间距,40 天左右转入发酵
发酵鲜化	正常情况下,晾干的香肚发酵后,表面会长出一层红色的真菌,逐渐由红变白,最后呈绿色,这是保藏期间肚皮发酵鲜化的正常标志
注意事项	香肚进入晾挂期间,要把库房门关闭,防止过分干燥发生变形;发酵期如长红霉、表面发黏,说明香肚未晾干或库内湿度大,必须加强通风

第三章 水产品焙烤加工

一、水产品焙烤加工方式与设备

水产品焙烤是以水产鲜品为原料,通过切割、腌制、调味后进行机械干燥或烟熏烤制制成干制品的一种方法,常用的焙烤设备主要为热风干燥机械。

(1)隧道式烤干机 又称洞道式干燥机,如图 3-1 所示,是将被干燥原料排列在若干只托盘上,然后放到托盘车上,推入干燥室中进行干燥。各托盘之间的间距约为 3 厘米。如间距过小,则静压损失大,需要增大鼓风机的动力;如间距过大,则会在各物料托盘之间形成层流风,风洞空间的容纳量也会降低。如间距为 3 厘米,风速为 2.5 米/秒,以 40℃ 的空气(热扩散率 $\alpha = 0.175 \times 10^{-4}$ 平方米/秒)送风,则可不必担心出现层流风。

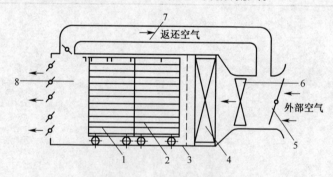

图 3-1 隧道式烤干机

1. 原料烤盘 2. 烤盘移动车 3. 原料门 4. 热交换器
5. 进风门 6. 风扇 7. 热气循环 8. 排气门

隧道式烤干机在操作时如果干燥室内的风速不均,则易使被干物料干燥不均。左右两边的托盘车要定时交换位置,以防两部分物料的水分蒸发效率不同。每隔一定时间,应将托盘车推移至上风侧,而最上风头的托盘车则靠气缸的推动被推至室外。推出室外的托盘车与在室内的车同时间歇性地向逆风方向移动,最后,同样靠气缸的作用进入干燥室内。

(2)隧道式烟道气烤干机 在缺乏锅炉蒸汽供应的地区,可采用烟道气烤干机,这种烤干机也为隧道式。目前,它从初期的单烤道发展到双烤道。隧道式烟道气烤干机的烤道长度为10~15米,每天24小时可焙烤300~500千克鱼虾贝类制品,每小时耗煤量为120~130千克。隧道式烟道气烤干机如图3-2所示。

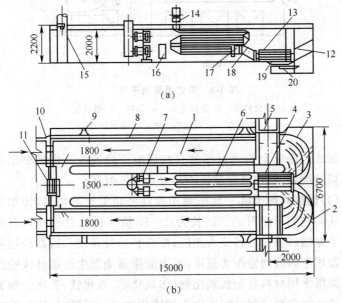

(a)

(b)

图 3-2 隧道式烟道气烤干机(单位:厘米)

1. 烘道 2. 炉灶鼓风口 3. 导风板 4. 铸铁盖板 5. 出料门
6. 烟道管 7. 主风机及冷却管 8. 轨道 9. 观察窗 10. 进料门
11. 进风口 12. 灶门 13. 盖板 14. 烟囱 15. 排风扇及管
16. 工作门 17. 分烟箱 18. 八字管 19. 炉算 20. 出渣门

(3)带式通风烤干机　水产品中的虾米、调味小鱼片、鱿鱼丝、目鱼片等小形体的原料,常使用带式干燥机进行烤干。风从物料的上面向下吹送,物料被置于最上段的网状传送带上,到达传送带的终端就反落到下一段传送带上。带式通风烤干机如图3-3所示。

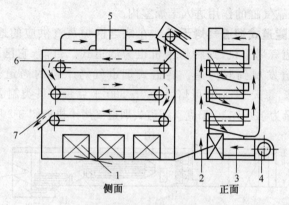

图 3-3　带式通风烤干机

1. 热交换器　2. 热风流向　3. 物料　4. 鼓风机
5. 排气窗　6. 网状传送带　7. 干品出口

带式传送带上的物料厚度直接影响干燥速度。根据虾米等的干燥情况,物料摊展厚度以不超过 3 厘米为宜。

(4)远红外烤干机　此机利用远红外辐射加热物料,使水分蒸发从而达到干燥目的。波长为 2～50 微米的远红外线可有效将被干燥物料吸收后转变为热能,使物料水分蒸发。远红外辐射发生器用金属或陶瓷作为基体,其表面涂覆能发生远红外线的涂层。涂层常用材料是金属氧化物(如氧化钴、氧化铁、氧化锆和氧化钇等)、氮化物、硼化物、硫化物和碳化物等。干燥时,用电热或煤气、炽热烟气等加热基体使涂层发出远红外线。为加速干燥,可加装送风装置。远红外干燥器的主要特点是干燥速度快,干燥时间仅为热风干燥的 10%～20%。由于食品表层和内部同时吸收红外线,因而干燥较均匀,干制品质量较好,设备结构较简单,体积较小,成本也较低。

二、鱼类焙烤加工实例

1. 调味鱼片
(1)加工技术 调味鱼片加工技术见表3-1。

表3-1　调味鱼片加工技术

工艺流程	技 术 要 求
原料配方	净鱼片100千克、白砂糖8千克、精盐6千克、料酒3千克、味精2千克、水100千克
选料处理	选用鲢鱼、鳙鱼、草鱼、鲤鱼、罗非鱼等为原料,要求新鲜,鱼体完整,气味、色泽正常,肉质紧、有弹性,原料鱼的大小一般在0.5千克以上;先将鱼刮去鳞片,用刀切去鱼体上的鳍,沿胸鳍根部切去头部,由腹部切口拉出雌鱼卵巢,接着用鱼体处理机将雌、雄鱼一起去鳃、开腹、去内脏和腹内膜,然后用毛刷洗刷腹腔,去除血污和黑膜
开片、去杂	用扁薄狭长的尖刀由头肩部下刀连皮开下薄片,沿脊排骨刺上层开片(腹部肉不开),切下的肉片厚2毫米,留下大骨刺,供作他用;将开片时带出的大骨刺、红肉、黑膜、杂质等用刀剖去,保持鱼片洁净
漂洗、沥水	淡水鱼片含血液多,必须用循环水反复冲洗干净,有条件的加工厂可将漂洗槽灌满自来水,倒入鱼片,用空气压缩机通气,使原料不停翻滚,这样可以彻底洗净血污,漂洗后的鱼片洁白有光,肉质较好;洗净后捞出沥水

续表 3-1

工艺流程	技 术 要 求
配液、腌渍	将配方中的白砂糖、精盐、料酒、味精全部溶解于腌缸的水中,调成调味液,再将鱼片放入调味液中腌渍 50~60 分钟,调味液温度为 15℃,不得超过 20℃,使调味液充分渗透到鱼片中
摊片、整形	将调味腌渍后的鱼片摊在烘帘或尼龙网上,摆入时,片与片的间距要紧密,且鱼片的大小片与碎片要搭配摆放,如鱼片 3~4 片相接,鱼肉纤维纹要基本相似,使鱼片成形,平整美观
焙烤干燥	鱼片进入烤干机时,温度要不高于 35℃,焙烤至半干时,将其移到烤道外,停放 2 小时左右,使鱼片内部水分自然向外蒸发,再移入烤道干燥,烤干的鱼片从网片上揭下,即得生干鱼片;将生干鱼片的鱼皮朝下摊放在烤干机传送带上,温度控制在 180℃左右焙烤 1~2 分钟即可
滚压拉松	焙烤后的鱼片经滚压机滚压拉松即得熟鱼片,滚压时要在鱼肉纤维的垂直方向(即横向)滚压才可拉松,一般须经两次拉松,使鱼片肌肉纤维组织疏松均匀,面积延伸增大
成品包装	将拉松后的调味鱼干片,揭去鱼皮剔除剩留骨刺(细骨已脆可不除),进行称量包装;每袋可装 8 克,干品水分以 18%~20% 为宜,每 7~8 千克鲜鱼可制成鱼片 1 千克

续表 3-1

工艺流程	技 术 要 求
注意事项	用调味液腌渍时,要不断翻拌,使调味液充分均匀渗透;烤前注意将生片喷洒适量的水,以防鱼片烤焦

(2)质量要求

①感官指标。淡水鱼片色泽呈黄白色,边沿允许略带焦黄色,鱼片形态要平整,片形基本完好,肉质疏松,有嚼劲,无僵片,滋味和气味鲜美,咸甜适宜,具有烤鱼特有的香味,无异味,鱼片内不允许存在杂质。

②水分含量要求在 17%～22%。

③微生物指标。不得检出致病菌(肠道致病菌及致病性球菌)。

2. 鱼粒

鱼粒加工技术见表 3-2。

表 3-2　鱼粒加工技术

工艺流程	技 术 要 求
原料配方	鱼肉 100 千克、淀粉 15 千克、白砂糖 15 千克、精盐 1.8 千克、味精 1 千克、食醋 50 克、五香粉 1 千克、辣椒粉 100 克、胡椒粉 400 克、芥末粉 200 克、蜂蜜 10 千克
原料处理	鱼粒原料为冷冻小杂鱼或低值鱼,去除头、内脏,冲洗干净后用采肉机采取鱼肉

续表 3-2

工艺流程	技术要求
蒸煮调味	将鱼肉放到蒸笼上蒸 10 分钟,冷却后用离心机脱水,再将脱水后鱼肉炒熟,按配方加入调味料
压模成形	将炒熟的物料装入成形模具中压制成形;为使成品边角整齐,口感结实而不硬,成形前物料水分必须控制在 20% 左右,压模成形必须有一定的压力
分段焙烤	将成形后的鱼粒放置于烤箱内采用从低温到高温梯度分段烤干法,由 65℃烤 2.5 小时,75℃烤 1 小时,85℃烤 0.5 小时,最后 130℃焙烤 2 分钟,使鱼粒制品的软硬度适中,并具有浓郁的香味
成品包装	将烤后的鱼粒冷却至常温,用复合锡箔纸独立包装,再用复合薄膜袋包装成袋
注意事项	调味炒熟环节注意混合搅拌均匀,然后边加热边翻动物料,拌炒 10 分钟左右;颗粒较大须预先粉碎成粉末状,白砂糖和味精等需要用少量水溶解后使用;在炒熟时,必须不断搅拌,使淀粉等添加物产生一定的黏结力,以利于成形

3. 鱼脯

鱼脯加工技术见表 3-3。

表 3-3　鱼脯加工技术

工艺程序	技 术 要 求
原料配方	净鱼肉 100 克、茴香 0.1 千克、桂皮 0.1 千克、甘草 50 克、花椒 100 克、生姜 50 克、精盐 2 千克、酱油 25 千克、白砂糖 15 千克、料酒 4 千克、味精 300 克、水约 100 千克
原料处理	选鲨鱼、魟鱼、鳐地等体形较大、鲜食价值较差的鱼类为原料，洗净后去除内脏、血污等，将鱼肉切成宽为 2 厘米、长为 3 厘米的鱼肉条，再沿着鱼肌肉纤维方向切成厚约 3 毫米的薄片
浸酸沥干	将鱼肉片加入原料质量 1.5%～2.5% 的食用醋酸，并添加同样质量的水拌匀，浸泡半小时后，再用清水反复漂洗，然后捞出沥干
调入味料	按照配方取料，调制时先将茴香、桂皮、甘草、花椒、生姜加水煮沸约 1 小时，捞去残渣过滤，加入精盐、酱油、白砂糖煮沸溶化后，再加入料酒、味精，随即出锅放冷，然后将鱼肉片放入汁料中浸渍 2 小时左右
焙烤	将浸渍后的鱼肉片捞出沥干，摆放在竹帘或塑料丝网上，晒至六七成干时，再放入烤炉内焙烤，烤温控制在 100℃～110℃，烤至九成干，带有韧性，即可包装上市

鱼脯如图 3-4 所示。

图 3-4 鱼脯

4. 鱼糕

鱼糕是以新鲜鱼肉经过脱水冷冻后加入食盐用木槌进行擂渍（即搅打成糊），使其形成黏状肉糊，称为鱼糜。鱼糜是加工鱼糕的主要原料。鱼糕加工技术见表 3-4。

表 3-4 鱼糕加工技术

工艺流程	技 术 要 求
原料配方	冷冻鱼糜 100 千克，淀粉用量为鱼糜的 2%，白砂糖用量为鱼糜的 5%～8%，鸡蛋白用量为鱼糜的 2%～3%，味精用量为鱼糜的 1%，调味料酒用量为鱼糜的 2%～4%
选料擂渍	鱼糕对弹性及色泽的要求均较高，因此，鱼糕用的原料应尽量不用红肉类鱼，而使用弹性强的鱼种进行配比，也可选用凝胶强度大的冷冻鱼糜，先按配方比例称取冷冻鱼糜，切成片状；擂渍时，应先将鱼肉擂 5～10 分钟，然后逐次加盐 1.5 千克和适量水，进行盐擂，以促进盐溶性蛋白质溶出，并形成一定黏性，最后加入其他调味料擂渍 20～30 分钟即可

续表 3-4

工艺流程	技 术 要 求
铺盘成形	将槌打成浓浆的鱼糜铺板或铺盘成形,可用菜刀手工进行,也可用机械进行,一般都采用机械成形
焙烤熟化	将生鱼糕表面涂上葡萄糖等,使用隧道式红外线焙烤机焙烤2~3分钟
成品包装	将焙烤好的鱼糕冷却后进行外包装,在外包装前应采用紫外线杀菌处理
注意事项	制造双色或三色糕时,则需要对部分鱼糜进行着色调配,如制三色鱼糕,须先将原先配料分成三份,其中一份加鱼糜重6%的鸡蛋精、鱼糜重2.2%的红曲粉和适量胡椒粉,制成红色并具辣味的鱼肉糜;另一份加鱼糜重8%鸡蛋黄制成黄色肉鱼糜;第三份为本色鱼肉糜

5. 烤鳗鲞
(1)加工技术 烤鳗鲞加工技术见表3-5。

表 3-5 烤鳗鲞加工技术

工艺流程	技 术 要 求
选料处理	选择体大、新鲜度好的鳗鱼在海水中洗刷,除去表面黏液和污物;用干净的软布拭去表面水分

续表 3-5

工艺流程	技 术 要 求
剖割翻骨	将鳗鱼平放割鱼板上,头向操作人员,背侧在右,把头固定在割鱼板的尖钉上,右手持刀,从头后背部插刀,贯通腹腔,沿脊背的上方一直推到尾部,距尾尖 5 厘米处停下,向左斜切,即将整个肉面翻开;再回刀切开头部,不要切断上额,把鱼鳔摘下,提起内脏,切断肠与肛门的连接处,向头部方向扯拉,连同鳃一起摘,将脊骨内侧的凝血剔净
清腔擦拭	鱼体剖割后,尽量避免水洗,因为一经水洗,切开的肉面很易吸水,会给干燥带来困难,同时干燥时还易引起肉质变色;腹腔内残留的血迹和其他污物可用洁净拧干水分的湿软布擦拭
整形排湿	为使鱼体平整不曲和迅速干燥,可用竹片撑开或夹住后,再用绳穿缚头部,悬挂在通风阴凉处进行排湿,达到表面不析水为宜
焙烤	将经过排湿后的鳗鲞胚置于热风烤干机内,以 50℃ 开始烘逐步上升至 60℃ 下进行烤制,烤至五成干后,再逐渐升温至 70℃,烤至八成干时即可
注意事项	清腔擦拭时,可用经过稀醋酸(浓度 5‰ 的白食醋)浸渍后拧干的湿布进行擦拭,其效果更佳,将使成品表面格外洁净鲜艳

(2)质量要求 成品烤鳗鲞色泽淡黄,稍有白霜,无泛油现象,头和脊骨部分无异常色变,干燥均匀,肌肉组织紧密,剖割规整,具鳗鲞特有的清香味。

6. 香烤鱼

香烤鱼加工技术见表3-6。

表3-6　香烤鱼加工技术

工艺流程	技 术 要 求
原料配方	净鱼100千克、茴香400克、白砂糖5千克、桂皮300克、酱油6千克、花椒400克、精盐3千克、姜片300克、黄酒3千克、清水24千克
原料处理	选择小带鱼或小杂鱼为原料,去掉头尾、内脏,若是小带鱼,应切成6厘米左右的长条块,而小杂鱼则以去头整条为宜;用清水洗涤后,在浓度为8%～10%盐水中浸泡5分钟后,沥去水分
配料调味	按配方先将茴香等原料洗净并敲碎,加入清水中煮沸1～1.5小时后进行过滤,取出溶液,再将滤渣继续放入适量的清水再复煮,滤出第二道溶液,前后两道合并,最后将白砂糖、酱油、精盐、黄酒等加入搅拌均匀
蒸熟焙烤	将处理好的鱼块平铺在铁丝架或竹筛上,置于蒸笼内蒸熟,然后进入80℃的烤房内进行焙烤7～8小时,待鱼片六七成干后取出;投入香料溶液中浸泡30～40分钟,并不断搅拌,使其吸料均匀,接着再进烤房焙烤4小时左右,待九成干后,即为美味香烤鱼
成品包装	成品用小塑料食品袋包装,每袋可装250克左右

香烤鱼如图 3-5 所示。

图 3-5　香烤鱼

7. 烤鳗片

烤鳗片加工技术见表 3-7。

表 3-7　烤鳗片加工技术

工艺流程	技术要求
选料	选择人工养殖淡水鳗为原料,要求蓄养水域干净,每条鳗重 400～500 克为宜
放血剥杀	将原料鳗置于操作台上,用刀在其鳃后缘的脑部深切一刀,放入放血池中用流水冲洗放血,放血程度根据制品要求而定,将放血完毕的原料鱼置于操作台上,用锥子或铁钉将其头部固定在木板上,从鳃下方开腹或从背上开背,取出内脏和中骨后,切断头部,然后用清水洗干净,沥干水分
切段打串	烤鳗根据其鱼段的大小分成长条烤鳗片和打串烤鳗块,长条烤鳗片无须切段,而打串烤鳗块则应根据需要将胴体切成数块,然后用竹签将其打串,此时要注意将鳗块皮侧与成肉侧朝向一致

续表 3-7

工艺流程	技 术 要 求
烧烤	一般使用远红外气体烧烤炉烤制。烧烤时,将鳗片或鳗块移入炉内,排列整齐;长条烤鳗片应头部向前皮朝下,头部重叠于鳗片尾端;烧烤一般从皮侧开始,然后再烧烤肉侧,根据鳗片或鳗块大小与烤炉功率大小来决定烧烤时间,一般3分钟左右,以不烤焦鱼体为宜
调味	将烧烤后的鳗进行调味,调味液根据需要可自行控制,其酱油、白砂糖、料酒的配比为1:1:1,调味液量根据原料鳗片（块）而定,以浸渍均匀为宜
复烤	鳗片或鳗块调味后进入烤炉复烤时,掌握时限:第一次约2分钟,第二次约1分钟,第三次约40秒

8. 鱿鱼丝

鱿鱼丝加工技术见表 3-8。

表 3-8　鱿鱼丝加工技术

工艺流程	技 术 要 求
选料、解冻	选择新鲜的或经冷冻鱿鱼为原料,冷冻原料应先放入水池中解冻,时间控制在2小时以内,使整个冻块中的鱿鱼个体能分开即可,不宜完全解冻,以免墨囊中墨汁流出

续表 3-8

工艺流程	技 术 要 求
清洗脱皮	用刀切断头部与躯干部的连接,去头拉出内脏,再切除鱼体周边的鳍,用清水洗去鱼体上附着的污物,再进行脱皮,脱皮的方法主要有机器脱皮和蛋白酸脱皮两种,机器脱皮是把鱼体平推过脱皮机的转动刀口,即可撕下外面的皮层;蛋白酶脱皮是将鱿鱼放入酶液中处理 10 分钟,取出后用手工脱皮
煮制调味	将鱿鱼放入沸腾的水中煮 3 分钟后取出,用自来水浇淋降温,然后再放入滚筒式的冰水槽内冷却,冷却至 10℃ 左右;用清水洗去附着的碎皮和碎软骨等;然后按 100 千克清水配入 3% 的食盐、5% 白砂糖、0.3% 味调成味液,将鱿鱼放入味液中充分搅拌,再置于冷却室放置一夜,让调味液充分渗到鱿鱼中
摊片脱水	将调味后的鱿鱼平摊在金属网片上,一层一层地放在烤车搁架上,焙烤过程分两个阶段进行:第一阶段先在 35℃ 的烤房中烤制 7~8 小时,第二阶段则在 30℃ 下烤制 12 小时,此时鱿鱼片的含水量应达到 45%~50%
冷藏解冻	烤干后,为使鱿鱼片中的水分和调味液分布均匀,须将其在 -18℃ 的冷冻室内冷藏一夜,平衡水分后,再取出冻鱿鱼,在室温下解冻

续表 3-8

工艺流程	技 术 要 求
焙烤拉丝	采用电加热方式进行焙烤,温度控制在 90℃~120℃,时间为 4~8 分钟,烤后的鱿鱼片的含水量应达到 30%;将烤干后的鱿鱼片送入专用的拉丝机的滚筒内进行拉丝
调味干燥	将鱿鱼丝放入调味转筒中,按每 100 千克鱿鱼丝加入白砂糖 3 千克、酱油 2 千克、淀粉 1 千克、味精 300 克,充分搅拌调匀后,放入盘内,加盖,送入渗透室内渗透,一般放置一夜,让调味料充分渗透,渗透完后再进行干燥,采用隧道式蒸汽烤干法,将鱿鱼丝放入机内自动输送带上,温度控制在 60℃烤 10 分钟左右即可,此时产品的水分含量达 22%~28%
注意事项	拉丝分两步进行:先让滚松的鱿鱼片经过齿轮滚压使其引烈,然后再由拉丝刀片把鱿鱼片拉成丝

鱿鱼丝如图 3-6 所示。

图 3-6　鱿鱼丝

三、鱼类熏烤加工实例

鱼类常用熏烤加工技术见表 3-9。

表 3-9　鱼类常用熏烤加工技术

熏烤方式	特　　点
冷熏法	将原料用盐腌制后进熏室熏制,熏室温度控制在 15℃~30℃,熏制 2~3 周;冷熏法生产的产品贮藏性好,可贮藏 1 个月以上,但风味不及温熏制品,冷熏产品的盐分含量一般控制在 8%~10%,水分含量控制在 40% 左右,冷熏法在夏季温度高的时候,需要在空调室内进行;水产品常用于冷熏的品种有鲱鱼、鲑鱼、鲕鱼、鳕鱼、蛤鱼等
温熏法	将原料置于调味液中短时间浸渍,然后进熏室在 50℃~80℃下熏制 2~12 小时,温熏制品肉质柔软,风味比较好,但是由于温熏产品的盐分含量在 2.5%~3%,水分含量在 55%~65%,因此产品的耐贮性比较差;用于温熏的品种有鲑鱼、鳟鱼、鲱鱼、鳕鱼、秋刀鱼、沙丁鱼、鳗鲡、鱿鱼和章鱼等
热熏法	将原料在 120℃~140℃烟生熏 2~4 小时制成,热熏制品是一种即食产品,该产品水分含量高,耐贮性差,生产后一般要尽快销售,热熏法还存在熏材消耗量大、温度调节困难等缺点

续表 3-9

熏烤方式	特　点
速熏法	速熏法是在短时间内达到烟熏效果的人工烟熏方法,也可将烟中有效成分溶解于水中,浸渍原料或喷洒在原料上,短时间熏干,但是,这种方法与其他烟熏方法相比,产品质量差,耐贮性也差
液熏法	将木粒、木材和木屑等燃烧产生的熏烟用水进行冷凝,除去灰分和焦油等,只留下多酚类化合物、有机酸、羰基化合物等,并将原料鱼放在熏液中浸渍 10~20 小时,也可用熏液对原料鱼进行喷洒,然后干燥即可;液熏法可以产生与木材烟熏一样的色泽和风味,而且熏液中排除了有害成分,减少环境污染,在熏制过程中还能准确控制时间,缩短了熏制周期

1. 鲑鱼

鲑鱼加工技术见表 3-10。

表 3-10　鲑鱼加工技术

工艺流程	技 术 要 求
原料处理	选用冷冻红鲑鱼或冷冻银鲑鱼,将其放在水中解冻,除去头、内脏,洗净血液、内脏等,再开成 3 片
调味浸渍	在 15% 的食盐水中加入 1% 原料量的白砂糖,再加入少量的月桂和胡椒粉,将鱼片在调味液中浸渍 26 小时左右

续表 3-10

工艺流程	技术要求
沥水风干	将调好味的鱼头部向上悬挂在通风好的室内72小时左右,直至鱼体表面充分风干,出现明胶质光泽为止;风干时,为防止干燥过度,可采用白砂糖液涂抹肉面两次
熏烤	风干后的鱼片移入烟熏室吊挂熏烤,在木材上稍加些锯屑作为熏材,烟源须设置 8～10 个,点火熏制 7～8 小时后,使温度控制在 26℃ 左右,然后再过 2～3 小时使室温逐渐降低,自然冷却;制成的产品如有卷曲现象,可将几块鱼片重叠放置一晚就能达到整形目的;熏鱼充分冷却后,用塑料袋进行真空包装

2. 鲇鱼

鲇鱼加工技术见表 3-11。

表 3-11　鲇鱼加工技术

工艺流程	技术要求
原料处理	选冰鲜或冷冻鲇鱼为原料,解冻后从背部剖开,使其腹部连在一起,去掉内脏,洗净血液和内脏等
盐渍	采用干腌法进行盐渍,用盐量为原料重的12%～15%,盐渍温度为 5℃～10℃,腌制 5～10 天

续表 3-11

工艺流程	技 术 要 求
脱盐	脱盐的作用一方面是除去鱼肉中多余的盐分,调整制品的咸味,另一方面是除去鱼肉中容易腐败的可溶性物质,脱盐时间与原料鲜度、食盐的浸透度、水的温度有关,最好采用流水脱盐,如果采用静水脱盐,应不时轻轻翻动并换水,脱盐温度也应保持在 5℃～10℃,脱至盐分含量在 2% 以下即可
调味	脱盐后 50% 原料按质量配调味料,配方为水 1000 克、食盐 40 克、白砂糖 20 克、味精 20 克、食醋 4 克,将鲐鱼放入配料,在 5℃～10℃ 下浸渍 3 小时以上
熏烤	将调味后的原料沥干,整齐平铺于网片上,先用 18℃～20℃ 冷风吹 30 分钟左右至表面干燥后置入熏房,在 18℃ 下烟熏 1～2 天
焙蒸	焙蒸是将烟熏好的鱼片堆叠,使表面停止蒸发,内部水分向表皮扩散,内外水分趋向一致,反复风干、焙蒸 7～10 天,至水分含量达到 35% 左右;焙蒸的温度前 3 天保持在 18℃～20℃,中间两天保持在 20℃～22℃,最后两天保持在 23℃～24℃
整形包装	成品整形、修片后,用复合袋真空包装,可常温保存 3 个月左右

3. 鲱鱼

鲱鱼加工技术见表 3-12。

表 3-12　鲱鱼加工技术

工艺流程	技术要求
选料	选用产卵期、脂肪含量高、运动量大的鲱鱼为原料,脂肪含量过高的油鲱或脂肪少的都不宜选用
盐水浸渍	选用盐水浸渍法进行浸渍,用盐量为原料质量的 12%～15%,盐渍第一天加 10%原料重的石块重压;第二天、第三天石头重量逐渐加到 20%和 30%,盐渍 7～8 天
鱼胚脱盐	为防止腐败变质,最好采用流水进行脱盐,流水的速度越快,脱盐的速度也越快,而且脱盐后鱼体会变软;盐含量降到湿重的 1%(或者干重的 3%)最为恰当,如果盐分含量太低,烟熏过程中鲱鱼会变质
洗涤风干	脱盐洗涤后,须避开太阳风干 3～5 小时,风干方法是用穿挂钉从鱼的眼球或上嘴凸出的部分穿过,吊挂在木棒上,风干到没有水滴滴下、表皮略显干燥即可
烟室熏烤	烟熏室温度第 1～7 天为 18℃～20℃,第 8～21 天为 20℃～22℃,第 22 天至结束为 22℃～25℃,熏室内的相对湿度一般控制在 65%～90%,在这个湿度范围内,烟熏制品会产生鲜味,如果相对湿度高于 90%,产品的肉质会变得柔软,而且还会出现异臭;夜间须打开熏室的窗和排气孔,如果熏干的时间过短,会引起产品脱皮或表皮起皱现象
成品冷藏	用塑料袋进行真空包装,一般采用低温贮藏

四、其他水产品焙烤实例

1. 虾米

虾米焙烤加工技术见表 3-13。

表 3-13　虾米焙烤加工技术

工艺流程	技 术 要 求
选料清理	一般使用鹰爪虾、鸡尾白虾、羊毛虾或周氏新对虾为原料,在水煮前,必须把原料虾按质量好坏分等级加工,避免鲜度差的虾混入鲜虾中影响产品质量,混有泥沙和其他污物的虾,必须用清水清洗干净,拣去小鱼和其他杂物
入锅煮制	煮虾用清洁的海水和淡水均可,用水量与原料的比例为 4∶1,海水用盐量为 3%～4%,淡水用盐量为 5%～6%(指盐占水的重量),先把盐水烧沸,再将原料投入锅中,煮 5 分钟左右,其间要进行搅拌,去掉水面上的浮沫,虾捞出时,若虾壳发白,即证明已熟透,每煮一锅都要适当向锅中加盐,以补充盐水的浓度
焙烤脱壳	将煮熟的虾捞入筐中,沥干水分后即可入烤房烤制,焙烤温度保持在 70℃～75℃ 为宜,时间为 2～3 小时,脱壳前应将带壳的干虾摊在地板上,有条件的情况下,可用虾米脱壳机去壳,也可人工剥去虾壳,手剥的虾米色泽鲜艳,个体完整,出品率高

续表 3-13

工艺流程	技 术 要 求
成品包装	脱壳后的虾米按质量和规格进行分级包装,用小塑料袋定量包装,每袋 250 克或 500 克,最后装大纸箱,成品率一般在 8% 左右
注意事项	为避免虾出现贴皮现象,水煮前要用冷水(最好用冰水)浸泡 20 分钟左右,最多不超过半小时;在煮软皮虾时,可采用淡、咸水两口锅煮,先在淡水锅中煮沸 2 分钟,再捞入咸水锅中煮沸 4 分钟,这样一般不会出现贴皮虾,减少干燥后脱壳的现象

虾米如图 3-7 所示。

2. 虾片

虾片是用鲜鱼肉掺加淀粉及调味料经蒸熟后冷却切片、干燥所制成的。食用时经油炸即成为酥松香脆、鲜美可口的食品。虾片加工技术见表 3-14。

图 3-7 虾米

表 3-14 虾片加工技术

工艺流程	技 术 要 求
原料配方	鱼肉 5 千克、淀粉 50 千克、精盐 1.25 千克、味精 1 千克、白砂糖 1.5 千克、调味液 1 千克

续表 3-14

工艺流程	技　术　要　求
原料处理	选用新鲜的小杂鱼或加工对虾剩下的脚料,除去头、内脏(虾下脚料可免),用水洗去血污和杂质,用绞肉机绞动 3～4 次后得肉备用
配料调制	取 5 千克淀粉,加 20 千克水将淀粉化开,再用温火煮,并不断搅拌,直到调成糊状透明即可;取茴香 250 克、桂皮 250 克、八角 250 克、胡椒 125 克加热熬煮 2～3 小时后得汁液 1～1.5 千克;然后将味精用少量水溶化成液状备用
混匀搓条	将鱼肉、淀粉及配料一起放入打浆机内,再把淀粉浆逐渐加入,拌打均匀后取出,置于木桶内保温;然后趁热搓成结实而无气孔的条状物,直径以 4～5 厘米为宜
蒸煮冷却	将搓好的条状物置于蒸煮箱中蒸煮 1 小时左右,取出过夜冷却,然后放进冷库(0℃～2℃)内冷却约一昼夜至发硬后取出,用手工切片或切片机切片,切片厚度为 1 毫米左右
焙烤	将切好的片摊开放在烤盘上,置于 50℃烤房里焙烤 5 小时至干,用聚乙烯袋小包装即可上市

3. 蟹粉

蟹粉加工技术见表 3-15。

表 3-15　蟹粉加工技术

工艺流程	技 术 要 求
原料选择	沿海水域有各种可食用的蟹类,捕获后立即用海水洗净备用,作为加工蟹粉的原料
蒸煮脱壳	将洗净的蟹类,放入水温为 90℃～100℃ 的不锈钢蒸煮锅内,蒸煮 10～25 分钟后,捞出沥水,然后进行手工脱壳
杀菌干燥	用温度 90℃～100℃ 的蒸汽对清洗干净的蟹体进行喷汽杀菌,时间为 15～20 分钟,在密闭式低温除湿干燥机内进行干燥,干燥机的温度为 25℃～30℃,湿度为 20%～30%,干燥时间为 10～12 小时,干燥后蟹体含水分为 6%～10%
粉碎包装	将干燥后的蟹体用粉碎机粉碎至直径约 1 厘米的颗粒;然后再用细粉碎机将其粉碎至 30 微米的颗粒即为成品
注意事项	如无密闭式干燥机,可在一般的烤房内干燥,但要注意干燥初温不可太高,应在干燥过程中逐步提高干燥温度,以利于干燥均匀

4. 干贝

干贝加工技术见表 3-16。

表 3-16　干贝加工技术

工艺流程	技　术　要　求
原料选择	用于加工干贝的原料有渤海、黄海产的栉孔扇贝,东海、南海产的华贵栉孔扇贝和羽状江珧,南海产的长肋日月贝和美丽日月贝,以及沿海均产的栉江珧
加热开壳	用大锅将海水煮沸,将原料贝装于煮笼中,浸入沸水内煮熟,煮时要经常摇动煮笼,使原料受热均匀,待贝壳张开后,提起煮笼
摘取贝柱	第一次煮好后的贝应立即用小刮勺刮下贝肉,置于竹篓中用水洗净,再放到处理台上分离贝柱、外套膜和内脏,剥除附着在贝柱上的薄膜,要保证贝柱完整;贝柱按大小分级,分别放入笼中用水漂洗,此工序须在 1 小时内完成,因时间过长贝柱易碎
盐水炊煮	第二次煮制是用浓度为 8%～8.5% 的食盐水煮贝柱,盐水浓度不宜过高,否则制得的干制品易于吸湿。煮制时,先将盐水煮沸,再将盛贝柱的煮笼浸入其中,然后逐渐加大火力。为使贝柱受热均匀,煮制期间应将煮笼摇 2～3 次,并捞出浮在上面的泡沫
注意事项	去壳时,要注意掌握煮制程度,如煮制不充分,难以使贝柱与壳分离,也易刮伤贝柱;若煮制程度过老,则在第二次煮时,难以渗入盐水,干燥时贝易破;盐水煮制时,掌握一般中粒贝柱煮制时间为 10～15 分钟,其中沸腾状态须保持 3～5 分钟;大粒贝柱煮制时间为 15～20 分钟,其中沸腾状况需保持 5～8 分钟

干贝如图 3-8 所示。

图 3-8　干贝

5. 紫菜饼

紫菜饼加工技术见表 3-17。

表 3-17　紫菜饼加工技术

工艺流程	技术要求
原料清洗	紫菜用海水洗净沙土、杂质后,当日采剪加工最好,若来不及加工时,可将紫菜装进麻袋,将水分压出后摊在竹帘上晾到次日再加工,最好能将收回的紫菜在 5℃冷库中保存;海水洗净的紫菜应用淡水浸泡脱盐,浸泡时,按每千克紫菜用 5 千克水的比例浸泡 10 分钟
切碎	使用电动或手摇切菜机(将紫菜)切碎,无切菜机的可用菜刀切碎,保持刀口锋利,防止紫菜的氨基酸和核苷酸等鲜味物质流失;根据不同生长期的紫菜选择适当的切菜孔板,因孔眼的大小和分布会影响菜饼的柔软性和光泽度,通常选用 3 毫米左右的孔眼,每平方厘米分布 4～5 孔

续表 3-17

工艺流程	技 术 要 求
浇饼	浇饼是将切碎的紫菜制成咸菜饼的过程,是紫菜加工中的重要环节,分为人工浇饼和机械浇饼两种。浇饼过程中使用的浇饼帘有 29 厘米×25 厘米和 100 厘米×25 厘米两种。一般人工浇饼时,要把浇饼浆倒入浇饼帘上,用力均匀使厚薄一致,然后重复以上操作,浇到一定高度后移开进行沥水
排湿焙烤	将紫菜饼连同浇饼帘置于透风干燥处排湿,除去附着的水分,进入隧道式烤干房进行焙烤,烤房内温度控制在 55℃～60℃,风速为 3 米/秒,回风口空气相对湿度保持在 50％左右,烤制时间 30 分钟左右
成品包装	烤干的菜饼要整板,商品紫菜要求形成薄片状,因此等回潮后,用手工将紫菜饼剥离帘面,进行剥菜,以防变形、脆裂和破碎;回潮撤片后,还要逐片整理除杂,然后用聚乙烯袋包装

紫菜饼如图 3-9 所示。

图 3-9　紫菜饼

6. 调味海带丝

调味海带丝加工技术见表3-18。

表3-18　调味海带丝加工技术

工艺流程	技术要求
原料配方	海带40千克、酱油15千克、料酒6千克、味精2千克、辣椒200克、鲣鱼精200克、水10千克、醋酸300克
原料整理	选用含水量在20%以下、淡干、无霉烂变质的海带为原料，去除附着在海带表面的泥沙和杂质，剪去颈部、黄白边梢和较薄的梢部
醋酸软化	将整捆的海带（或装入塑料筐内）置于2%浓度的醋酸水中浸泡15～20秒钟，然后捞起放置6～8小时，让醋酸水慢慢渗入海带内，使其软化，同时可除掉海带固有的腥味
切丝调味	用切丝机将海带切成2～5毫米宽、8～10厘米长的丝状，再装入不锈钢细眼筛筐中，浸入底部有垫架的塑料大桶内搅拌水洗5分钟，以除去表面的黏液和剩余的杂质，然后沥干水分；将海带丝用配料中的调味料浸渍一夜，温度控制在5℃～10℃，或者将调味液温度保持在90℃以上，这样浸泡时间可缩短为2～3小时

续表 3-18

工艺流程	技术要求
加热焙烤	将浸泡好的海带捞出沥水,装入蒸笼内加热 20 分钟,移出在风扇下冷却,然后均匀地铺在网片上,将网片装上烤车,送入烤道,在 50℃～70℃焙烤至水分达 20％～22％即可
杀菌包装	为防止成品腐败,应进行高压杀菌,可采用 100℃沸水杀菌 40 分钟,然后用冷水冷却至室温即可包装
注意事项	醋酸应使用国家规定的食品添加剂级的醋酸;海带切丝一般采用横切法

第四章　面包糕点焙烤加工

一、面包糕点制作原料

1. 主要原料和风味调料

(1)粉类原料　焙烤糕点以面粉为主要原料,而面粉又分为高筋面粉、中筋面粉、低筋面粉和全麦面粉,其商品性状有一定差异性,适用范围亦有区别。除面粉外,还有玉米淀粉、澄粉,以及作为增加风味的调味料,如奶粉、肉桂粉、咖啡粉、可可粉、香草粉等粉料,其品性和使用均有差别,下面进行逐一介绍。糕点常用粉料见表4-1。

表 4-1　糕点常用粉料

品名		商品性状	用途
主要原料	高筋面粉	蛋白质含量达 12.5%～13.5%,色泽偏黄,果粒稍粗,不易结块,易生筋性	面包、比萨等
	低筋面粉	蛋白质含量为 8.5% 左右,色泽偏白,颗粒较细,容易结块	蛋糕、饼干等
	中筋面粉	蛋白质含量在 9%～12%,色偏白,颗粒细,易结块	西式点、派等
	全麦面粉	小麦连带麸皮和胚芽骨胚乳碾磨而成,颗粒偏粗	全麦面包、馒头、饼干等

续表 4-1

	品名	商品性状	用途
主要原料	玉米淀粉	白色粉末,加热至65℃时可产生胶凝作用	勾芡稠化,派馅、布丁馅等
	澄粉	为面粉去筋,沉淀过滤,晒干研细粉料,质滑	用作虾饺皮、水晶饺等
风味调料	奶粉	全脂无糖奶粉	面色、蛋糕、饼干中增加风味
	肉桂粉	中药桂皮粉碎而成,有强烈的辛香味	添加糕点中增加风味
	绿茶粉	绿茶研制成粉末,不含糖,微苦,香味浓	用作蛋料增色剂
	免胶粉	又称吉利丁粉,蛋白质凝胶	慕斯蛋糕、果冻等
	咖啡粉	红褐色粉末状,须在热水中溶化	咖啡戚风糕、果冻、冰激凌等
	可可粉	含可可脂,不含糖,带苦味,红褐色粉末状,具结块,热水中易溶	装饰成品
	香草粉	为香草豆中提取的天然香料,不能过量添加	增加西点香味、口感,还可去除鸡蛋腥味
	芝士粉	黄色粉末状,有浓烈奶香味	为面包、饼干增加风味

(2)油脂类原料　面包、蛋糕、饼干等制作时几乎离不开油脂类原料,其作用是使焙烤的食品口感柔软,增强甜点的风味,常用的有黄油、酥油、色拉油、鲜奶油、奶油、奶酪,以及人造植物油(麦淇淋等)。糕点常用油脂类原料见表 4-2。

表 4-2　糕点常用油脂类原料

品名	商品性状	用途
黄油	黄油是从牛奶中提炼出的固态油脂,有无盐黄油和含盐黄油两种。含盐黄油通常含有 1‰~2‰ 的盐分,一般情况下制作西点都会使用无盐黄油。黄油需要冷藏或冷冻保存	黄油在制作甜点时能够使甜点口感柔软,起到增强风味的作用
酥油	酥油是类似于黄油的一种乳制品,是从牛、羊奶中提炼出的脂肪,可滋润肠胃,和脾温中,营养价值颇高,价格比黄油要便宜	酥油是制作曲奇时常用的油脂,风味与黄油类似,以 1:1 的比例加入曲奇饼干面团之中,可增加饼干的酥松效果和口感
色拉油	色拉油是由大豆等农作物提炼而成的透明、无味的液态植物油	一般只用于戚风蛋糕、海绵蛋糕的制作,不适合添加到其他烘焙食物之中

续表 4-2

品名	商品性状	用途
鲜奶油	鲜奶油分为动物性鲜奶油和植物性鲜奶油。动物性鲜奶油搅打后泡沫稳定,具有浓郁的乳香,品融性佳,不含淀粉、色白	为甜点增加润滑口感和奶香味,装饰蛋糕和制作慕斯
奶油奶酪	奶油奶酪是一种未经熟制的新鲜乳酪,其脂肪含量可超过 50%,质地细腻,口味柔和。奶油奶酪是奶酪的一种,而不是奶油,奶油奶酪中含有很多水分,具有浓郁醇香的奶酪风味,还夹杂着一种特殊的酸味,必须置于冰箱冷藏室内冷藏保存	是芝士蛋糕主要原材料,增添制品香味与柔软滑爽口感
人造植物油	又名麦淇淋,是 Margarin 的音译,可以代替黄油使用,味道不如天然黄油香醇,熔点略低	用于酥类多层的烘焙制品,比如蛋挞、丹麦牛角面包,有很好的延展性,可制作得很薄

2. 辅助原料

除面粉和油脂外,面包糕点还需要糖类、果酱、干果等辅助原料。糕点常用辅助原料见表 4-3。

表4-3　糕点常用辅助原料

品名		商品性状与用途
糖类	粗砂糖	颗粒较粗,不容易溶化,用于面包、饼干、蛋糕的表面装饰
	细砂糖	颗粒较细,易于溶化,用于蛋糕、面包的制作
	糖粉	白色粉末状,容易溶化,最常用于饼干的制作
	红糖	又称黑糖,有浓郁的焦香味,因容易结块,须先过筛或用水溶化,用于面包糕饼的制作
	麦芽糖	由含淀粉酶的麦芽作用于淀粉而制得,有黏性和麦芽的香味,含糖量较蔗糖低,用于面包、饼干的制作
	蜂蜜	芳香而甜美的天然食品,用于蛋糕、面包的制作,除可增加风味外,还可起到保湿的作用
坚果类	红枣	用于制作蛋糕,增加其独特的枣香
	葡萄干	制作西点中最常用的果干,除了可以增加风味,还有解腻的功效
	桂圆干	又称龙眼干,带核时呈圆球形,果肉呈黑褐色,口感清甜,也是制作西点中常用的果干
	杏仁	既可以磨成粉溶入蛋糕、饼干中增加风味,又可以切成碎块做装饰物来增加香脆的口感
	南瓜子	表面呈绿色,口感酥脆,可增加制品的营养和风味

续表 4-3

	品名	商品性状与用途
坚果类	葵瓜子	表面呈灰白色,可增加制品的营养和风味
	核桃仁	味甘,香气浓郁,巧克力点心伴侣;低温烤5分钟溢出香气,后再加入面团中会更美味
	松子	我国东北出产的松子仁味甘、浓香,可用作蛋糕、饼干表面做装饰及增加风味
	芝麻	白、黑两种,粒细小,烤后油香浓郁,增加制品风味
其他类	果酱	常用猴桃酱、番茄酱、花生酱等,增加糕点口感和风味
	巧克力	常用白巧克力、黑巧克力、巧克力豆和巧克力酱,多用于面包、蛋糕的装饰
	咖啡	味道浓郁,芳香带有甜味,一般用于制作提拉米苏蛋糕
	甜酒	用于制作咖啡蛋糕,增加其风味

3. 膨发剂

面包、蛋糕、饼干、茶点等在制作过程中常使用苏打粉、泡打粉、酵母粉等膨发剂,使其发酵膨松。糕点常用膨发剂见表 4-4。

表 4-4　糕点常用膨发剂

品名	商品性状与用途
苏打粉	简称 b·s 粉,是一种碱性的膨大剂。遇水或酸性物质时会释放出二氧化碳气体,产生膨大作用,常在制作巧克力蛋糕时使用,以中和可可粉的酸性

续表 4-4

品名	商品性状与用途
泡打粉	又称速发粉或泡大粉，是西点膨大剂的一种，常用于蛋糕、西饼的制作。一般市售的泡打粉是中性，因此，不能用苏打粉替代。泡打粉在保存时应尽量避免受潮;使用时,和面粉一起筛入,不能使用过量,否则会有刺鼻味道
酵母粉	酵母是一种真菌，为天然膨大剂，酵母在潮湿温暖的环境下,产生出来的二氧化碳能促使面团膨胀,面包、饼干的发酵膨胀靠它来完成,但蛋糕几乎不使用酵母粉
塔塔粉	为酸性物质，用来降低蛋白碱性，帮助蛋白迅速发泡，并增加打发蛋白的稳定性和持久性,也可用白醋和柠檬汁代替
改良剂	改良剂有两种:一种为粉状,其成分为面粉、黄豆粉、乳化剂、糖及一些维生素 C;另一种是膏状,其成分为盐类矿物质、维生素 C 和蛋白质酵素、乳化剂。改良剂可改良西点基质,增添风味口感

二、加工前原、辅料处理

面包、蛋糕和饼干等焙烤食品的原、辅料必须进行基础处理才可用于加工制作各种食品。

1. 粉类过筛

粉类原料一起混合时都要使用筛网过筛,以免搅拌时面粉在面糊中结粒,尤其是低筋面粉,它吸水性强,容易受潮,使用前一定要过筛。此外,当多种粉类混合时,过筛可让粉类混合得更均匀。过筛时,可在细网筛子下面垫一张较厚的纸或直接筛在案板上,将面粉放入筛中连续筛两次,可让面粉蓬松,做出来的蛋糕品质也会比较好。加入其他干粉类材料时应再筛一次,使所有材料都能充分混合在一起。如果是泡打粉之类的添加剂,则更须与面粉一起过筛。加入糖粉、可可粉等粉类时,也要过筛。

2. 固态原料溶化

(1)吉利丁溶解　吉利丁在使用前必须泡在冷水中软化。溶解的吉利丁冷却后才能与其他混合物混合。溶解的比例为 5 克的吉利丁配 15 毫升的水。操作时,先把水倒入碗里,后撒入吉利丁让其吸水 5 分钟,然后把碗放在锅里,隔水加热,直到吉利丁呈透明状且溶解为止,冷却后再使用。用吉利丁制作布西式蛋塔时,须过滤掉残留的杂质和气泡,这样可使产品光滑细嫩。

(2)巧克力溶化　把整块巧克力切成小块后,放进碗里,上锅隔水加热 5 分钟,并不时搅拌,直到巧克力溶化为止,水温在 40℃～50℃最好。若是隔沸水溶化,则等底锅水一沸腾就要立即熄火,利用沸水的余温溶化,然后以耐热刮刀或木勺轻拌至完全溶化。如果底锅水继续滚沸,易造成巧克力油水分离。

(3)奶油溶化　有些蛋糕需要放入固体奶油。制作时,需要事先将其溶化,只需将奶油放入碗中隔水或放入烤箱溶化成稀糊状即可。奶油一般冷藏保存,使用时,须取出置于常温下解冻。若急于软化可将奶油切成小丁或短时间微波解冻。奶油软化至手指可轻压即可。如果想将奶油溶化成液态,可隔水加热,或微波炉短时间解冻溶化,但温度不可过高,否则易造成油水分离。

3. 液态原料打发

液态原料常用的是黄油、鲜奶油、蛋白等。

(1)黄油打发 黄油冷藏后质地较坚硬,打发非常困难,所以就得先行解冻。先将黄油取出放置室温下,使其慢慢软化,以用指轻压出凹陷为宜,然后用电动打蛋器打发至体积膨胀后,加入砂糖和盐,继续打至呈油糊光滑细致状、颜色淡黄为宜。黄油打发如图 4-1 所示。

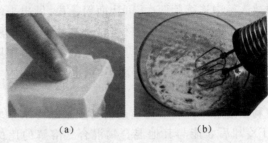

(a)　　　　　　　　　　(b)

图 4-1　黄油打发

(a)回软　　(b)搅打

(2)鲜奶油打发 将液态奶油从冷藏室取出,根据用量倒入搅拌缸内,以球状搅拌器打发至光滑,打至能形成柔软小山尖且尖峰往下弯为止,这是蛋糕抹面的最佳状态。继续打发,使纹路更明显,勾起呈坚挺光滑雪白状,此时为挤花纹最佳状态。如果用来挤花,要打至顶端有点儿硬为止,但要小心不要打得过火。

(3)奶油霜打发 按 1∶1 的比例将起酥油和软化奶油用打蛋器搅拌至蓬松且呈乳白色,再加入 2 倍的转化糖浆,继续打发即可。装盒后无须冷藏,放于阴凉干燥处可保存约 10 天。

(4)蛋白打发 将蛋白打起泡后,再将糖分 2~3 次加入打发,如果一次加入全部的糖,打发时间会延长,且组织较稠密。糖加完后继续搅打至光滑雪白,勾起尾端呈弯曲状,此时即为湿性发泡,约七分发;湿性发泡后继续搅打至纹路更明显且光滑雪白,勾起尾端呈坚挺状,此时即为偏干性发泡,约九分发,为戚风蛋糕蛋白打发的最佳状态。若蛋白打发过度,会呈棉花状且无光泽,不易与面糊拌和。

(5)蛋黄打发　做法式海绵蛋卷时,应将蛋黄加细砂糖,以打蛋器搅拌至乳白色。蛋黄搅拌后可使所含的油、水和拌入的空气形成乳白浓稠状。

三、焙烤基本配套设备

1.焙烤机械

焙烤机、烤箱统称为焙烤机械,使用时应根据加工规模大小选择相应的焙烤机械。中小型加工企业可根据产品市场销售状况和自身经营能力配备相应的焙烤机械。现有糕点专用焙烤机多采用不锈钢结构,三层组合密封,设火排燃烧管,红外线放热全自动控温,焙烤炉温在50℃～300℃。家庭焙烤糕点可选用容量在25～28升的烤箱,内设4～5层,可调节上下火温度和时间,并配有烤盘和烤网。焙烤机械如图4-2所示。

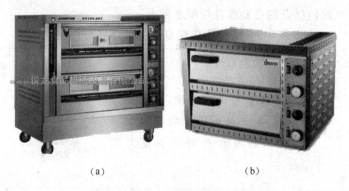

（a）　　　　　　　　　　　　（b）

图4-2　焙烤机械

（a）焙烤机　（b）烤箱

焙烤机械用于烤制糕点时要注意掌握一些要点。

(1)烤箱预热　烤箱达到设定的温度需要一定的时间,为防止食物受热不均,在烘烤时,需要提前把烤箱预热一段时间(一般为8～10分钟),让烤箱达到预设的温度,即看到发热管由红色转成黑色,表明此时烤箱预热完成,然后再将焙烤坯料放入烤箱内,按设定的时间烤制。

(2)烤箱容量 最好选择容量大一些的烤箱,以25～28升为宜,因为烤箱的原理就是利用加热管散发出来的热量来加热食品,越靠近加热管,温度越高。如果烤箱体积较小,可选择的空间就较小,易出现加热不均匀的现象。

(3)烤箱位置选择 烤制薄形的饼干、面包、蛋糕时,可将烤盘放置在上层,因过薄的点心如果放置在中层,易出现底部先被烤焦而表面仍未上色、烤熟的情况。烤普通厚度的大蛋糕、小蛋糕、面包时,通常放置在中层,让上下火都能均匀地烤。烤制面包吐司时就要将其放到下层,要防止面包表面被烤焦。

2. 焙烤器具

培烤器具包括糕点加工原料计量、预处理制作工具、模具等。焙烤面包糕点的主要器具与用途见表4-5。

表4-5 焙烤面包糕点的主要器具与用途

品名	用途	图样
计量秤	用于称量各种原材料,焙烤糕点时,先要按配方称取原材料,常用的有指针磅秤和电子秤	
量匙	量匙有大匙、小匙、1/2匙;1大匙为15毫升,1小匙为5毫升,1/2匙为3毫升;用于称微量的粉类或液体	

续表 4-5

品 名	用途	图 样
量杯	量杯主要用于称量液体及粉类,量杯容量一般为 236 毫升,可用于面粉、水、牛奶等称量	
容器	打发蛋液、油脂类的容器,以不锈钢或钢化玻璃制品为宜,用圆柱状的盆操作更方便	
打蛋器	用于搅打鸡蛋、奶油、黄油等液态原料,常用电动打蛋器,配有两个打蛋头和两个搅面棍,还有一种简单手动打蛋器如右图所示	
擀面杖	将面团擀压成厚薄适度的面皮,常用木制擀面杖或排气擀杖	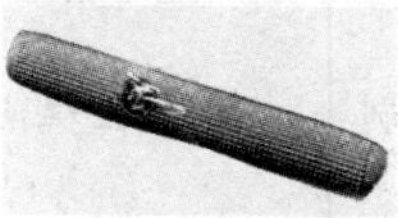
刮刀	刀体有弹性,用来拌匀材料	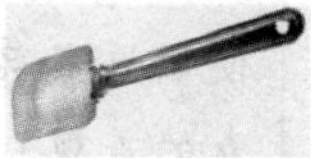

续表 4-5

品名	用途	图样
筛分工具	有手执粉筛、盆、蛋白蛋黄分离器等。这些工具可使粉料均匀细致,还可过滤液体以滤除其中的杂质、气泡,使成品质地更加细致均匀	
切割工具	装饰蛋糕常用涂抹奶油和蛋糕脱模。齿形面包刀用于切割面包、糕点,轮刀用于切割面包和比萨,还有水果雕刻刀	
裱花工具	裱花转台为不锈钢制品,便于对糕点表面操作;裱花袋用于盛放打发后的鲜奶油;裱花嘴的嘴形花样有多种,用于配合裱花袋装饰图案	
毛刷	用于在糕点表面涂刷蛋液	
烤盘垫纸	烤盘垫纸可以平铺于烤盘之上,用来将食物与烤盘隔离,可使烘焙成品不粘烤盘,保证外表的美观	

续表 4-5

品名	用途	图样
模具	模具有活底花盘、蛋挞模、菊花挞模、布丁模、硅胶模等,其中圆形蛋糕模是使用频率最高的蛋糕模型,有一体的,也有底盘与模身分开的活动模型。纸模分为面包纸模和小蛋糕纸模,是一次性成型模具;也有可反复使用的不锈钢烤杯和戚风中空杯	

四、面包种类与制作基础

1. 面包的种类

现在市场面包类型分为甜面包、调理面包、吐司面包 3 种。

①甜面包口感香甜、组织柔软、富有弹性,配料中糖分与其他原料(如蛋、油脂等)含量较高,馅料多选用果酱、奶油酱、卡仕达酱、果仁等。

②调理面包色、香、味俱全,趁热食用味道更佳。其面团经过最后发酵,并在面团中添加各种调料和馅料(如蔬菜、葱末、火腿、碎肉、红萝卜以及鱼、肉酱、玉米罐头等)。

③吐司面包款式美观,组织柔软细腻,表面金黄色,内部呈白或浅乳白色,有天然发酵的麦香味,入口易嚼不黏齿。其制作原辅料与普通面包相似,但是采用特制的吐司模具,经焙烤而成。

2. 面团发酵的基本方法

面包制作的关键在于面团的发酵。为便于读者掌握发酵技能,下面分别介绍常用的 3 种基本发酵方法。

(1)直接发酵法 又称一次发酵法,是将所有制作面包的原辅料一次调制成面团然后进行发酵。直接发酵法见表 4-6。

表 4-6 直接发酵法

项目	制 作 过 程
配料	高筋面粉 160 克,低筋面粉 40 克,细砂糖 20 克,鸡蛋 30 克,清水 100 克,盐、酵母粉各 3 克,黄油 20 克
具体操作	①将高筋面粉和低筋面粉混合均匀,并将细砂糖、酵母粉、鸡蛋去壳取液置于碗中搅匀,然后一起倒入大盆内加水搅拌 3 分钟至有微小气泡出现; ②用橡皮刮刀将盐倒入大盆内混合到面团内,再将面团放到案板上将面团转 90°向前轮摔,反复此动作至面团表面略光滑为止; ③将面团重新入盆,裹入黄油,翻覆压团,至黄油全被吸收,再次摔打至团面光滑、不易破裂为止; ④在面团上盖膜,置于 30℃条件下发酵 50 分钟,当面团膨大至原来 2~2.5 倍、指蘸干面插入面团内、孔洞不立即回缩时即可

(2)中种发酵法 使用 50% 以上面粉与酵母、水等混合,调制成面团进行发酵后得到种子团,再与其余原料混合制成面团进行发酵的一种方法。这种方法发酵时间长,面团成熟同时吸水,内相湿软,组织均匀细密,体积大、保水性好、老化慢,但制作时间比直接法长。中种发酵法见表 4-7。

表 4-7 中种发酵法

项目	制作过程
配料	①中种原料:高筋面粉 140 克、细砂糖 10 克、全蛋 40 克、酵母粉1/2匙、水 50 克; ②面团原料:高筋面粉 20 克、低筋面粉 40 克、细砂糖 40 克、细盐2克、奶粉 7 克、清水 35 克、黄油 30 克
具体操作	①将酵母粉加清水混合,静置 5 分钟,至酵母溶化或使用酵母液; ②把酵母液倒入面粉内混匀 3 分钟后揉成面团,面团上盖膜发酵,温度控制在 30℃,发酵 35 分钟,发酵至面团为原来的 2 倍大即可; ③把清水加入中种材料中混合成团后再按直接发酵法进行团转,反复摔打,至团面光滑,再发酵至原大的 2~2.5 倍即可

(3)汤种发酵法 取部分面粉加入清水后,加热至一定温度使淀粉糊化制成汤种,冷却后再和面粉、水、酵母等原辅料混合制成面团进行发酵的一种方法。汤种发酵法见表 4-8。

表 4-8 汤种发酵法

项目	制作过程
面团原料	①汤种材料:高筋面粉 25 克、清水 100 克; ②面团材料:高筋面粉 150 克,低筋面粉 50 克,奶粉 20 克,酵母粉 3/4 小匙,细砂糖 30 克,盐 1/4 小匙,清水 40 克,汤种 95 克,黄油 25 克

续表 4-8

项目	制作过程
具体操作	①将作为汤种材料的高筋面粉加入清水搅匀后置于小火上煮至糊状,再将煮好的面糊覆盖薄膜冷藏 1 小时后即可制成汤种; ②取面团材料中的面粉和盐各 1/3 及其他全部辅料与汤种一起混合,用橡皮刮刀充分搅拌,混合成糊状; ③将上述面糊再放入 2/3 面粉和盐混合成团,提至案板反复摔打,方法可参照直接发酵法,直至面团发酵至原来的 2~2.5 倍即可

3. 面包加工一般程序

面包加工一般程序见表 4-9。

表 4-9　面包加工一般程序

程序	制作要点	关键控制点
取料	干性原料:面粉、酵母粉、砂糖等;液态原料:水、蛋液、鲜奶等	按配方比例称量
和面	将干料与湿料混合,通过手工或机械揉搓,使其充分融合,制成具有弹性的网状面筋	时间掌握 20~30 分钟,含水量达 60%~65%
第一次发酵	将搓揉的面团置于盆内,盖上保鲜膜,使其发酵,发至体积比原来增大 2.5~3 倍	室温控制在 28℃~30℃,发酵时间为 60 分钟

续表 4-9

程序	制 作 要 点	关键控制点
分割	将发酵好的面团先称出总质量,再分割成大小均匀的小面包胚团	割块大小一致
滚圆	大团滚圆法:以双手将面团底部由外向内收拢; 小团滚圆法:将手弯曲,面团放在手弯处,顺时针方向转圈,把团滚圆至表面光滑	滚圆次数只需 3～4 圈,不可随意撒干粉
松弛	松弛就是中间发酵;面团滚圆后弹性变弱,立即盖上保鲜膜,静置松弛,使其恢复柔软度	静置时间为 10～15 分钟,大团松弛时间长,小团松弛时间短
整形	整形是依不同面包款式进行滚、搓、包、摆、压、挤、擀、编、折、叠、剪、切、转等多种方式的操作	操作时注意制品要达到外形美观
后发酵	整形后面团内部受到影响,面筋失去原有柔软性,后发酵的目的是使其重新发酵、膨松,达到制品所需的形状和品质;发酵后面团体积膨胀 1.5 倍时,在表面刷上薄鸡蛋液	发酵温度为 28℃～38℃,时间为 20～30 分钟

续表 4-9

程序	制 作 要 点	关键控制点
焙烤	焙烤前,先把烤箱预热至200℃,时间为5分钟,然后把制好的薄片面包放置在烤箱上层,中等圆形面包置于中层,吐司面包置于底层,焙烤温度为180℃	以闻到浓郁的面包香味,面包表面呈金黄色,用汤匙碰侧面能马上回弹即为成品
保存	因发酵过程中内部产生一定量的乳酸菌与醋酸菌,因此,刚出炉的面包应放置于空气中,让其挥发掉;放凉后马上用塑料袋包装密封,在室温下可放置2天	刚烤的面包顶部很硬,受压会破皮,须回软

面包制作主要环节如图 4-3 所示。

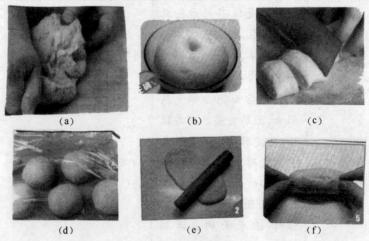

(a) (b) (c)

(d) (e) (f)

图 4-3 面包制作主要环节

 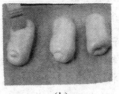 

(g)　　　　　　　　(h)　　　　　　　(i)

(续)图 4-3　面包制作主要环节

(a)和面　(b)松弛　(c)分割　(d)滚圆　(e)擀压

(f)整形　(g)后发　(h)刷蛋液　(i)焙烤

五、面包焙烤加工实例

1. 奶黄面包

奶黄面包加工技术见表 4-10。

表 4-10　奶黄面包加工技术

工艺流程	技术要求
原料配方	①馅料:鸡蛋 60 克、淀粉 16 克、吉士粉 10 克、奶粉 20 克、清水 45 克、细砂糖 45 克、黄油 16 克; ②面团:高筋面粉 150 克、低筋面粉 50 克、酵母粉 1/2 小匙、奶粉 2 大匙、细砂糖 30 克、盐 1/4 小匙、鸡蛋 30 克、清水 40 克、汤种 95 克、黄油 25 克; ③汤种:原料高筋面粉 25 克、低筋面粉 100 克

续表 4-10

工艺流程	技术要求
包胚制作	先将黄油隔水化成液态加糖打散,加入蛋液搅匀;淀粉、吉士粉、奶粉混合后再倒入黄油搅拌成面糊;将面糊用小火加热,煮至糊状,拌成内馅;将用中种发酵法制作好的基础发酵面团分割成6等份并滚圆,盖膜松弛 10 分钟;再将面团擀成圆饼形包入内馅,向上合拢,收口;然后将烤盘刷油后放入面团进行第二次发酵,直至膨大至原来大小的 2 倍;在发酵好的面团上刷上薄薄的全蛋液,撒上少许白芝麻,即可入炉焙烤
焙烤	烤箱在 200℃下预热 5 分钟,将烤盘置于烤箱中层,温度设定为 180℃,焙烤 18~20 分钟即为成品
注意事项	黄油打发加糖及各种粉料后调成均匀的面糊,否则影响包馅操作;包馅收口要紧,防止内馅外流

奶黄面包加工的主要环节如图 4-4 所示。

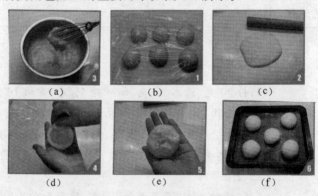

图 4-4 奶黄面包加工的主要环节

(a)熔化黄油   (b)滚圆松弛   (c)擀成饼形
(d)包裹内馅   (e)收口整形   (f)入盘焙烤

2. 牛奶面包

牛奶面包加工技术见表4-11。

表4-11　牛奶面包加工技术

工艺流程	技术要求
原料配方	高筋面粉200克、细砂糖30克、酵母粉1/2小匙、盐1/2小匙、鸡蛋30克、牛奶100克、黄油35克
包胚制作	①参照直接发酵法完成首次发酵;将面粉、砂糖、盐、鸡蛋液、牛奶、酵母粉加水200克,混合搅拌成面团,摔打至面团光滑、有弹性,再分割成6份后滚圆,松弛10分钟; ②将面团擀成椭圆形,再加入黄油反复揉搓成团,作为馅料,卷起后捏紧收口,再翻过来即整形完毕; ③将面包坯放到烤盘内进行后发酵,中间预留空隙,发酵至原大小的2倍即可;在面包坯上刷上蛋液,用剪刀剪出5道口,在刀口上撒粗砂糖
焙烤	烤箱于200℃预热,将包胚置于中层180℃下烤18~20分钟
注意事项	首次发酵滚成圆球状后松弛时间不要超过10分钟,时间超长影响面层黏性;面包坯入烤盘内发酵比原坯增大2倍即可,超大会引起产品过于膨松,影响口感

3. 香葱面包

香葱面包加工技术见表4-12。

表 4-12 香葱面包加工技术

工艺流程	技术要求
原料配方	①面团：高筋面粉 160 克、低筋面粉 40 克、细砂糖 20 克、酵母粉 1/2 小匙、盐 1/2 小匙、鸡蛋 30 克、清水 100 克； ②馅料：葱花 20 克、黄油 10 克、全蛋液 15 克、细盐 1/2 小匙、黑胡椒粉 1/4 小匙
包胚制作	①黄油室温下软化，加入全蛋液打散拌匀，再加入细盐和黑胡椒粉拌匀，在包胚第二次发酵完成时加入葱花拌匀； ②参照直接法进行面团发酵后，分割成 6 等份，滚圆，盖膜松弛 10 分钟；将小面团擀成圆饼状，排气后，起团翻面，提紧收口，再次滚圆；将面团放入垫有油纸的盘上进行后发酵 18 分钟，刷上蛋液，中间纵割一条刀口，再发酵 2 分钟，将内馅放入割开的刀口中，入烤箱准备焙烤
焙烤	烤箱于 200℃预热，将包胚置入中层在 180℃下烤 20 分钟

4. 南瓜麻蓉面包

南瓜麻蓉面包加工技术见表 4-13。

表 4-13 南瓜麻蓉面包加工技术

工艺流程	技术要求
原料配方	高筋面粉 200 克、南瓜泥 110 克、清水 35 克、细砂糖 30 克、酵母粉 1/2 小匙、盐 1/2 小匙、黄油 20 克、黑芝麻粉 70 克、糖粉 25 克、蛋白 30 克

续表 4-13

工艺流程	技术要求
包胚制作	南瓜去皮切成小块,入微波炉加热 5 分钟至熟,压成泥,挤去水分,将南瓜泥和面粉混匀,参照直接发酵法进行首次发酵;将完成发酵的面团分割成 2 等份,滚圆后松弛 15 分钟,并擀成椭圆形;将黑芝麻粉、糖粉、蛋白在盘中搅匀成内馅,涂于面团上,从右向左卷起面团,并将底部黏紧;把黏合的面包坯放入烤盘内进行后发酵,发酵后刷上蛋白液,并在表面切割数条刀口,然后入炉焙烤
焙烤	烤箱于 200℃预热,将包胚置于烤箱中层在 180℃下烤 20 分钟
注意事项	南瓜水分较多,和面加水时应留一些水最后加入;南瓜坯底部一定要黏紧,以防焙烤时爆开

5. 胡萝卜面包

胡萝卜面包加工技术见表 4-14。

表 4-14　胡萝卜面包加工技术

工艺流程	技术要求
原料配方	高筋面粉 150 克、细砂糖 20 克、奶粉 2 大匙、酵母粉 1/2 小匙、盐 1/4 小匙、鸡蛋 50 克、胡萝卜 70 克、黄油 20 克

续表 4-14

工艺流程	技 术 要 求
包胚制作	将胡萝卜榨出的汁加入面粉中,参照直接发酵法制成面团;将发酵好的面团均切成 5 份,滚圆后松弛 10~15 分钟,压扁卷成柱状,再做成 6 字形后,以长的一端向圈内伸出,像打了一个结,再向圈内绕一圈,两端衔接并黏紧,用手指将中心位置撑开,便形成纽绳状;然后将面包坯放入烤盘内,盖膜进行后发酵,发酵后表面刷上全蛋液
焙烤温标	烤箱于 200℃预热,将包胚置于烤箱中层在 180℃下烤 20 分钟
注意事项	面包整形时如果搓不动,须再松弛片刻,如强行搓长面团会断裂

6. 马铃薯面包

马铃薯面包加工技术见表 4-15。

表 4-15　马铃薯面包加工技术

工艺流程	技 术 要 求
原料配方	①面包材料:马铃薯泥 50 克、高筋面粉 250 克、酵母粉 1 小匙、细砂糖 50 克、鸡蛋 50 克、清水 95 克、奶粉 1 大匙、盐 1/2 小匙、黄油 20 克; ②装饰材料:蛋黄 1 颗、鲜奶 65 克、细砂糖 10 克、高筋面粉 15 克

续表 4-15

工艺流程	技术要求
包胚制作	将所有装饰材料放入小锅内,用打蛋器搅匀,再用小火边煮边搅成糊状,放凉,盖膜,入冰箱冷藏1小时;马铃薯去皮,切成小块,置于微波专用碗中加盖,用大火加热4~5分钟,经过网筛压成细腻的马铃薯泥,然后加入面粉、砂糖、鸡蛋、酵母粉、奶粉、盐、清水混合搅拌成面团;面团摔打至面筋能够拉出较粗糙的薄膜时,加入黄油混合,继续摔打后,放入盆内盖膜进行基础发酵40分钟;当面团发至原来的2.5倍大时,最后用裱花袋在面包胚表面挤上装饰材料
焙烤	烤箱于200℃预热,将包胚置于烤箱中层在180℃下烤20~25分钟
注意事项	马铃薯面团黏手,操作时可在手上擦粉;马铃薯泥松软,若冷藏发酵要提前将面团取出,回温1小时再整形和烤制

7. 苹果面包

苹果面包加工技术见表 4-16

表 4-16　苹果面包加工技术

工艺流程	技术要求
原料配方	①馅料:青苹果180克、细砂糖40克、清水20克、黄油20克、柠檬酸汁1/2大匙、湿淀粉15克、肉桂粉1/2小匙、葡萄干10克; ②面团:高筋面粉150克、细砂糖20克、酵线粉1/2小匙、盐1/8小匙、奶粉1大匙、清水98克、黄油15克

续表 4-16

工艺流程	技术要求
包胚制作	①细砂糖加清水放入奶锅内用小火煮至呈焦糖色后加入黄油;将苹果去皮切块后放入锅内小火煮至糖色变浓稠、苹果呈半透明时,加入柠檬汁;最后加入肉桂粉、葡萄干和湿淀粉,煮至浓稠时,放凉备用; ②将制作面团的材料全放到一起参照直接发酵法制成基础面团,经松弛发酵,将面团擀成长方形,在面皮两边 1/3 处斜切 5 毫米条状,中间铺放苹果馅;然后左右面条向中心位置交叉织成辫子状;编织好后,将面包底部向上收紧;置于烤盘上,盖膜发酵至原来的 1.5 倍大时,送入烤箱焙烤
焙烤	烤箱于 200℃ 预热,将包胚置于烤箱中层在 180℃ 下烤 20 分钟
注意事项	面包包馅时要将馅置于面条正中位置交叉编织,底部收紧,防止露馅

8. 酥菠萝面包

酥菠萝面包形态似水果菠萝皮层,其加工技术见表 4-17。

表 4-17　酥菠萝面包加工技术

工艺流程	技术要求
原料配方	①酥皮:低筋面粉 80 克、奶粉 10 克、糖粉 40 克、蛋黄 20 克、黄油 48 克; ②汤种:汤种高筋面粉 15 克、清水 65 克; ③面团:高筋面粉 100 克、低筋面粉 2 大匙、细盐 1/4 小匙、酵母粉 1 小匙、清水 40 克、鸡蛋 30 克、黄油 20 克

续表 4-17

工艺流程	技 术 要 求
包胚制作	①将黄油、糖粉混合拌匀,用打蛋器将其打至泛白色,分两次加入打散的蛋黄液搅匀;然后再加入奶粉和低筋粉拌成团,用保鲜膜包好,入冰箱冷藏 1 小时变硬即可; ②将面团所有用料和匀,参照汤种发酵法制成面团后,将其分割成 6 份(每份 50 克),滚圆、盖膜松弛 10 分钟;将面团擀成饼状,按压挤去团中空气后,翻面捏紧收口,并再次滚圆;然后将皮面压成圆饼包住面团的表面,翻面后在表皮上纵横压下似菠萝皮面条纹;最后将面包胚放入烤盘中,在室温 28℃下发酵 20 分钟,至原 2 倍大时入烤箱焙烤
焙烤	烤箱于 200℃预热,将包胚置于烤箱中层在 180℃下烤 15～18 分钟
注意事项	酥皮制作取决于黄油、糖、蛋液的混合,搅拌时要让空气能充满其中,避免软化过度,造成黄油化成液态,乳析性消失;面皮包菠萝时必须收口黏紧,避免外露影响成品外观

9. 墨西哥酥面包

墨西哥酥面包加工技术见表 4-18。

表 4-18　墨西哥酥面包加工技术

工艺流程	技术要求
原料配方	①面包：高筋面粉 120 克，低筋面粉、鸡蛋各 30 克，细砂糖 20 克，盐 1/4 小匙，酵母粉 1/2 小匙，清水 70 克，黄油 15 克； ②奶酥：黄油 50 克、糖粉 20 克、全蛋液 20 克、奶粉 60 克、玉米淀粉 3/4 大匙、盐少许
包胚制作	将黄油室温软化后搅散加入糖粉、盐，分 2 次加入全蛋液；然后加入玉米淀粉和奶粉拌匀，混合成奶酥馅；将奶酥馅摊开，分割成 5 等份，移入冰箱内冷藏至略变硬时取出备用；包皮制作参照直接发酵法完成发酵后将其分割搓圆成 6 份，松弛 10 分钟；再将面团擀成椭圆形包皮；然后将奶酥馅包入面皮中，并收口黏紧，按压成形；置于烤盘上，盖膜发酵到 1.5 倍大时入烤箱
焙烤	烤箱于 200℃预热，将包胚置于烤箱中层在 180℃下烤 18 分钟
注意事项	奶酥馅混合时很稀软，面皮边沿易粘油，不能黏合收口，因此，须冷藏至变硬，有一定可塑性才能捏成圆球；奶酥馅不可包入太多，防止烤热时从顶部爆馅

10. 菊花巧克力面包

菊花巧克力面包加工技术见表 4-19。

表 4-19　菊花巧克力面包加工技术

工艺流程	技术要求
原料配方	高筋面粉 200 克、无糖可可粉 20 克、红糖 30 克、酵母粉 1/2 小匙、鲜奶 105 克、鸡蛋 35 克、盐 1/2 小匙、黄油 20 克、巧克力 30 克,白巧克力少许
包胚制作	鲜奶、红糖加热溶化,凉后再与可可粉、酵母粉、1/2 的高筋面粉混合搅拌,3 分钟后加入剩余面粉和盐混合成团,摔打至表面光滑;在面团中加入黄油揉和混匀,揉至扩展时再把巧克力豆揉入团内,盖膜发酵至原来的 2～3 倍大;将面团分割成 8 等份,滚圆并黏紧收口;将面团放入事先备好涂油的菊花挞模内,进行最后发酵;面团发酵至原 2 倍大时,在表面刷上一层薄薄的蛋白液入炉焙烤
焙烤	烤箱于 200℃预热,将放入挞模烤箱中层,在 180℃下烤 18～20 分钟,烤好放凉后,表面挤上少许融化的白巧克力

11. 火腿面包

火腿面包加工技术见表 4-20。

表 4-20　火腿面包加工技术

工艺流程	技术要求
原料配方	①面包:高筋面粉 120 克、低筋面粉 30 克、全蛋液 20 克、细砂糖 15 克、酵母粉 1/2 小匙、盐 1/8 小匙、黄油 15 克; ②馅料:火腿肠 4 根、沙拉酱、葱花各适量

续表 4-20

工艺流程	技术要求
包胚制作	参照直接发酵法制成基础面团。将①中面包用料和匀,面团滚圆,松弛后擀成椭圆形,将面片四角拉长(长度要比火腿肠长些);再将拉长面片转 90° 后底部擀薄,放上火腿肠,由上往下卷起,并收口;用利刀将面卷切 7 刀,仅切断火腿肠,然后向外翻卷,使火腿肠外露,形成开花状,并盖膜发酵;最后刷上全蛋液,中间部位挤上沙拉酱,表面撒葱花,入炉焙烤
焙烤	烤箱于 200℃ 预热,将包胚置于烤箱中层,在 180℃ 下烤 15~18 分钟
注意事项	面团要摔打至起筋性、表面光滑,这样撑开不易破裂,包裹火腿肠时才得心应手

12. 培根面包

培根面包加工技术见表 4-21。

表 4-21　培根面包加工技术

工艺流程	技术要求
原料配方	①面团:高筋面粉 100 克、低筋面粉 50 克、鸡蛋 50 克、鲜奶 55 克、细砂糖 20 克、细盐 1/4 小匙、酵母粉 1/2 小匙、黄油 15 克; ②馅料:培根 2 条、沙拉酱 2 大匙、葱花适量

续表 4-21

工艺流程	技术要求
包胚制作	将①中所有用料和匀,参照直接发酵法将其制成基础面团,并分割滚圆,松弛 15 分钟后,擀成椭圆形;将面团平铺烤盘上,进行第二次发酵后,在表面刷上全蛋液;将培根切成 1/2 段铺入面包坯上,挤上沙拉酱,再撒葱花,即可入炉焙烤
焙烤	烤箱于 200℃ 预热将包胚置于烤箱上层,在 180℃ 下烤 20 分钟
注意事项	培根在焙烤过程中会收缩,所以切的长度应比面团略长些;培根面包属于薄片面包,焙烤时置于烤箱上层为宜

培根面包加工主要环节如图 4-5 所示。

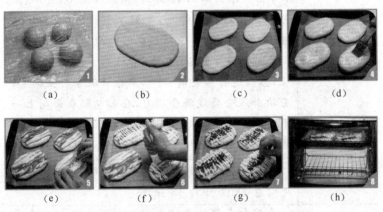

(a)滚圆松弛　(b)擀成椭圆形　(c)二次发酵　(d)刷蛋液

(e)铺培根　(f)挤上沙拉　(g)撒上葱花　(h)入箱焙烤

图 4-5　培根面包加工主要环节

13. 鸡尾排包

鸡尾排包加工技术见表 4-22。

表 4-22 鸡尾排包加工技术

工艺流程	技术要求
原料配方	①馅料:中筋面粉 10 克、玉米淀粉 7 克、黄油 40 克、细砂糖 25 克、奶粉 7 克、椰丝 10 克; ②装饰:全蛋液 12 克、中面筋 20 克、白芝麻适量、黄油 15 克、细砂糖 12 克; ③中种:高筋面粉 140 克、全蛋液 40 克、细砂糖 10 克、酵母粉 1/2 小匙、清水 50 克; ④主面:高筋面粉 20 克、低筋面粉 40 克、细砂糖 40 克、细盐 2 克、奶粉 7 克、清水 35 克、黄油 30 克
包胚制作	参照中种发酵法制成基础面团后,将其分割成 7 等份并滚圆松弛 10 分钟,擀成椭圆形;黄油、细砂糖混合后打至膨发,再加入中筋面粉、玉米淀粉、奶粉、椰丝,平铺到擀成椭圆形的面团上压平后,由下向上卷起;捏紧收口,反向一字排于盘上,盖膜进行后发酵;将②中原料混合打至膨发,分次加入全蛋液混合均匀,在面包胚表面刷上一层薄薄的全蛋液,两端挤上装饰面糊,再在中间撒上少许白芝麻即可入炉焙烤
焙烤	烤箱于 200℃预热,将包胚置于烤箱中层,用上下火在 180℃下烤 18 分钟
注意事项	肉馅和表饰的黄油与细砂糖混合后打至表面柔和光滑为宜;面团压平收口一定要捏紧,否则焙烤成品会脱节,影响外观

14. 叉烧包

叉烧包加工技术见表4-23。

表4-23　叉烧包加工技术

工艺流程	技术要求
原料配方	①馅料:猪里脊肉50克、五花肉85克、叉烧酱1大匙、植物油1/2大匙、玉米淀粉2小匙、清水5大匙; ②面包:高筋面粉150克、低筋面粉30克、鲜奶85克、鸡蛋30克、细砂糖25克、奶粉1大匙、酵母粉1/2小匙、细盐1/2小匙、黄油25克
包胚制作	将两种肉切成细丁倒入叉烧酱拌匀,盖膜冷藏过夜;锅内放油烧热下入猪肉小块炒熟,肉块炒熟后加入湿的玉米淀粉煮稠,出锅置于冰箱冷藏至结块;参照直接发酵法完成基础面团发酵后,将其分割成6等份后滚圆,再松弛10分钟,然后擀成2毫米厚的圆饼;将煮好冷藏的叉烧肉馅置于圆饼上,由左向右将面团捏紧收口制成面包胚;将面包胚置于烤盘上盖膜进行后发酵至原来的1.5倍大,刷上全蛋液,即可入炉焙烤
焙烤	烤箱于200℃预热,将包胚置于烤箱中层在180℃下烤18分钟
注意事项	叉烧面包的内馅须加入少许肥肉,这样适口性更好;制馅后要冷藏使其冻结,以防捏包时汁液流出

15. 腊肠包

腊肠包加工技术见表4-24。

表4-24　腊肠包加工技术

工艺流程	技术要求
原料配方	高筋面粉110克、低筋面粉40克、全蛋20克、细砂糖20克、精盐1/4小匙、酵母粉1/2小匙、鲜奶80克、黄油15克、广式腊肠1根(一切两半)
包胚制作	参照直接发酵法完成基础面团后,将其分割成6等份滚圆,松弛15分钟后,擀成椭圆形,由上往下卷成圆柱状,反面捏起收口;将圆形面团向两边搓成长条形后,绕缠在腊肠上,收紧上下口;面包胚放置烤盘上进行后发酵,留足空隙,然后刷上全蛋液入炉焙烤
焙烤	烤箱于200℃预热,将包胚置于烤箱中层,在180℃下烤15～20分钟
注意事项	腊肠面包形态优劣取决于面团搓揉工序,因此,在面团搓条缠绕时注意收紧上下口,使其黏紧,避免松脱变形

16. 葡萄干吐司

葡萄干吐司加工技术见表4-25。

表4-25　葡萄干吐司加工技术

工艺流程	技术要求
原料配方	高筋面粉175克、清水110克、酵母粉1/2小匙、细砂糖20克、细盐1/2小匙、奶粉1大匙、全蛋30克、黄油25克、葡萄干50克、朗姆酒100毫升

续表 4-25

工艺流程	技术要求
包胚制作	葡萄干提前用朗姆酒浸泡 4 小时,参照中种发酵法制作面团,然后摔打揉面团至光滑后揉入挤干酒分的葡萄干,放入盆内盖膜,首次发酵至原来的 2 倍大;将发酵的面团按 3 等分分割、滚圆,盖膜松弛 10 分钟后,擀成椭圆形,两边向内对折,擀成长条形,亦卷成筒形;将面团排在吐司盒内,盖膜进行后发酵至八成时,在表面刷上全蛋液
焙烤	烤箱于 200℃ 预热,将包胚置于底层,在 180℃ 下烤 35～40 分钟,烤 20 分钟后,表面加盖锡纸,以防上色过深

17. 肉松面包卷

肉松面包卷加工技术见表 4-26。

表 4-26　肉松面包卷加工技术

工艺流程	技术要求
原料配方	①汤种:高筋面粉 25 克、清水 100 克; ②面团:高筋面粉 150 克、低筋面粉 75 克、酵母粉 1 小匙、奶粉 2 大匙、细盐 1/4 小匙、细砂糖 25 克、全蛋液 50 克、清水 50 克、黄油 35 克; ③表面装饰:肉松约 250 克,全蛋液、白芝麻、葱花、沙拉酱各适量

续表 4-26

工艺流程	技 术 要 求
包胚制作	参照汤种发酵法制成面团,直接滚圆,盖膜松弛 20 分钟,按压排气后,擀成烤盘大小的长方形,在烤盘上进行后发酵;当面团发酵至原来的 2 倍大时,刷上全蛋液,用竹签插入小洞排气,撒上葱花、白芝麻;将上述面包胚置于铺有油纸的烤盘上,放到烤箱中层,在 170℃下烤 18 分钟后,把面包连油纸一起取出;然后在面包胚表面再盖一张油纸,重新送进烤箱中层,在 170℃下烤 5 分钟;最后将面包表面油纸揭去,涂上一层沙拉酱,再撒适量肉松,借助擀面杖将面包卷起;再用油纸缠起,放置 10 分钟让其定形,然后揭去油纸,切去两端,分成 4 段,头尾涂沙拉酱,蘸上肉松
焙烤	烤箱于 200℃预热,将包胚置于烤箱中层,在 170℃下烤 18 分钟

18. 花生杏仁面包卷

花生杏仁面包卷加工技术见表 4-27。

表 4-27　花生杏仁面包卷加工技术

工艺流程	技 术 要 求
原料配方	①面团:高筋面粉 150 克,低筋面粉 50 克,酵母粉 1/2 茶匙,细砂糖、鸡蛋 30 克,鲜奶 95 克,盐 1/4 小匙,黄油 25 克; ②馅料:花生酱 110 克,装饰杏仁片适量; ③其他:纸模(高 3.5 厘米×直径 9.5 厘米)6 个

续表 4-27

工艺流程	技 术 要 求
包胚制作	参照直接发酵法制成基础面团,将其整个滚圆再松弛 15 分钟;将面团擀成长方形,涂抹花生酱刮平,再将面团卷成筒,收口黏紧;用刮刀将卷均分 6 份,切断,放入纸模内进行后发酵;最后在表面刷上全蛋液,顶部撒上杏仁片做装饰
焙烤	烤箱于 200℃预热,将包胚置于烤箱中层,在 180℃下烤 18～20 分钟
注意事项	面团切割入模须盖上保鲜膜,最后发酵要达到原有大小 2 倍;卷面团时不要卷得太紧,以免烤时内部的小卷隆起

19. 鲜虾培根比萨

鲜虾培根比萨加工技术见表 4-28。

表 4-28 鲜虾培根比萨加工技术

工艺流程	技 术 要 求
原料配方	①饼皮原料:高筋面粉 150 克、清水 80 克、细砂糖 2 小匙、盐 1/4 小匙、酵母粉 1/2 小匙、黄油 15 克; ②比萨酱原料:番茄酱 2 大匙、细砂糖 2 小匙、黑胡椒粉 1/2 小匙、蒜蓉 1/2 小匙、洋葱碎 1/2 小匙、蚝油 1 小匙、比萨草适量、清水 1 大匙; ③馅料:芝士 150 克,鲜虾 10 只,培根 2 条,青红椒、洋葱、甜玉米粒各少量

续表 4-28

工艺流程	技术要求
准备工作	先将芝士从冰箱中取出,放至半硬状态,用刨丝器刨成细丝,再放入冰箱中冷藏;鲜虾去壳取虾肉,培根、青红椒切成小块,洋葱切细条,用烤箱在170℃下烤5分钟至水分收干;将②中的材料混合均匀,盖上保鲜膜用微波炉中火加热1分钟,取出拌匀,再加热1分钟即成比萨酱
萨胚制作	将①中原料混合制成面团后,加入黄油揉至光滑后滚圆盖膜发酵至原来的2倍大,然后擀成比模具略小的圆饼;比萨盘上涂一层薄黄油,将面皮放入盘内,刺上几个排气孔,再发酵20分钟,饼边缘刷上全蛋液;在饼皮上放上比萨酱,再撒上2/3的芝士,放入预先烤好的鲜虾、培根碎、青红椒碎、洋葱、甜玉米粒后即可入烤箱焙烤
焙烤	烤箱于240℃预热,将比萨胚放到烤箱的中层,在220℃下烤15分钟;再撒上剩余的芝士继续烤3~5分钟

比萨加工主要环节如图 4-6 所示。

图 4-6　比萨加工主要环节

(a)和面　(b)滚圆　(c)擀饼　(d)进盘

(e)刷蛋液　(f)铺料　(g)入烤箱　(h)成品

六、蛋糕种类与制作基础

1. 蛋糕种类及特点

中国传统蛋糕在口味和选料上有着浓厚的地域特色,西式蛋糕焙烤工艺传入中国后,蛋糕的种类及特点发生了新的变化,比较常见的有海绵蛋糕、戚风蛋糕、慕斯蛋糕、芝士蛋糕、奶酪蛋糕、天使蛋糕、重油蛋糕等。

①海绵蛋糕(或称普通蛋糕)。它是将鸡蛋、糖搅打成泡沫与面粉混合后制成,有时也可加入泡打粉或苏打粉等膨松剂,特点是组织蓬松、口感绵软、制作简单。

②戚风蛋糕。它由植物油、鸡蛋、面粉、膨松剂为主要原料加工而成。加工过程中需要把蛋白液打成泡沫状,提供足够的空气以支撑蛋糕的体积。其特点是糕体组成膨松,水分含量高,味道清淡不腻,松软有弹性。

③慕斯蛋糕。它是一种冷藏蛋糕,常以戚风蛋糕或海绵蛋糕为糕底,使用鱼胶粉作为凝固剂,将打发的鲜奶油、果酱、果泥等凝固成奶冻状,其特点是口感细腻,入口即化。

④芝士蛋糕。它通常以香脆饼干为底层,再以特殊的芝士为主料,加入鸡蛋、面粉为辅料制成。芝士蛋糕通常采用水浴法烘烤,其特点是结构较一般蛋糕紧实,但质地却较一般蛋糕绵软,口感湿润,带有浓郁的芝士香味。

⑤奶酪蛋糕也可称为芝士蛋糕。一般奶酪蛋糕中加入的都是奶油奶酪。奶酪蛋糕又按照奶油奶酪用量多少分为重奶酪蛋糕、轻奶酪蛋糕、冻奶酪蛋糕,其共同特点是奶香浓郁。

⑥天使蛋糕。它是一种乳沫类蛋糕,跟其他蛋糕不同的是将蛋白液打发后,加入糖和面粉制成,不需要加入油脂,其特点是颜色清爽雪白,口感爽滑。

⑦重油蛋糕也称为磅蛋糕,是用大量的黄油经过搅打,再加入鸡蛋和面粉制成的一种面糊类蛋糕,其特点是糕体偏实,口味香醇,无油腻味道。

2. 蛋糕加工的一般程序

蛋糕品种繁多,原辅料取材不同,制作工艺略有差别,蛋糕加工的一般程序见表4-29。

表 4-29 蛋糕加工的一般程序

工艺流程	操作要领	关键控制点
取料	①干性原料:面粉、砂糖及添加粉料;②液态原料:鸡蛋、色拉油、奶油、牛奶、水	使用中低筋面粉,按配方比例称量各料,泡打粉视品种定量
混合	将所有干性原料混合均匀,过筛备用	结团料要打散
打发蛋液	蛋白、蛋黄分离,用打蛋器把蛋白打成泡状,分两次加入细砂糖打至浓稠;蛋黄分次加入油、奶、糖搅匀后放入蛋白翻拌均匀	蛋白要打成湿性发泡,蛋黄拌匀放入湿性蛋白后,应自上而下翻拌均匀
融合	奶油、奶酪室温软化,并用打蛋器以中速打至黄油顺滑,分次加入糖,继续打至黄油与细砂糖混合均匀	不可一次加入过多细砂糖类,否则会造成面糊结块,液体过多,冲散打发黄油,造成空气流失,不易混匀

续表 4-29

工艺流程	操作要领	关键控制点
制糊	将所有干性料和液态料分次混合拌匀，用橡皮刀刮拌匀成面糊	搅拌不宜过度，以免导致面糊出盘，降低蛋糕膨胀性
灌模	面糊灌入模具内，装七八分满即可，同时撒上装饰料	过量灌模会出现溢出，影响外形，且浪费食材
焙烤	烤箱于 170℃～200℃预热，以中下层 150℃～180℃烤 20～25 分钟（区别品种）	

蛋糕加工主要环节如图 4-7 所示。

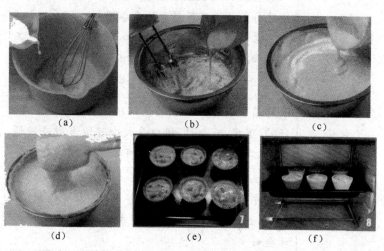

（a）　　　　　　　（b）　　　　　　　（c）

（d）　　　　　　　（e）　　　　　　　（f）

图 4-7　蛋糕加工主要环节
（a）打蛋　（b）融合　（c）混料
（d）制糊　（e）灌模　（f）入烤

七、蛋糕焙烤加工实例

1. 奶油蛋糕

奶油蛋糕加工技术见表 4-30。

表 4-30　奶油蛋糕加工技术

工艺流程	技　术　要　求
原料配方	低筋面粉 120 克、椰丝 30 克、玉米油 50 毫升、鸡蛋 1 个、牛奶 160 毫升、柠檬 10 克、细砂糖 80 克、泡打粉 1 小匙、小苏打 14 小匙、柠檬汁 2 小匙
蛋糕胚制作	①把柠檬皮洗净,切成碎屑; ②将筛好的低筋面粉、椰丝、泡打粉、细砂糖、小苏打与柠檬碎屑混合均匀备用; ③在碗中打入鸡蛋,依次加入牛奶、柠檬汁、玉米油、搅拌均匀,倒入拌料中混合均匀制成蛋糕糊;将蛋糕糊灌入模具内(六七分满)即可入烤箱
焙烤	烤箱于 200℃预热,将蛋糕胚置于烤箱中层,在180℃下烤 25 分钟,视模具大小可适当增减焙烤时间,烤至表面微金黄色即可
注意事项	干性粉料过筛的目的是去除粉内结团和杂质;蛋与牛奶等液态料混合搅拌时,用力要轻,动作要快,这样拌匀后的蛋糕糊才会细腻,成品口感才会好

2. 海绵蛋糕

海绵蛋糕加工技术见表 4-31。

表 4-31　海绵蛋糕加工技术

工艺流程	技术要求
原料配方	黄油 80 克、低筋面粉 80 克、盐 1/8 小匙、蛋黄 5 个、鲜奶 90 克、蛋白 5 个、细砂糖 80 克、玉米淀粉 10 克
蛋糕胚制作	将黄油切成小块室温下软化后放入小锅内,用中小火煮至冒小泡后熄火,趁热倒入低筋面粉和盐并迅速搅拌呈面糊状;将面糊用橡皮刮刀转移到大盆内加入常温鲜奶,一边加一边用手动打蛋器搅拌匀,再分次加入蛋黄,每次都要用手动打蛋器搅拌均匀;细砂糖、玉米淀粉事先在碗内用手动打蛋器搅拌均匀后分 3 次加入蛋白内打至湿性泡发;取 1/3 打发的蛋白倒入蛋黄面糊内,用橡皮刮刀翻拌均匀,再倒回剩下的 2/3 打发的蛋白内,翻拌均匀;将制好的蛋糕糊倒入 8 寸活底的蛋糕模具内,放入烤箱焙烤
焙烤	烤箱于 180℃预热,将蛋糕胚置于最底层,在 140℃下烤 25 分钟,再转到中层在 170℃烤 25 分钟
注意事项	黄油煮沸后再熄火,趁热加入面粉拌匀;面糊须移到盆内再加鲜奶,以防锅内的余热吸收水分

3. 杏香蛋糕

杏香蛋糕加工技术见表 4-32。

表 4-32　杏香蛋糕加工技术

工艺流程	技术要求
原料配方	鸡蛋 200 克、砂糖 100 克、盐 2 克、高筋面粉 100 克、泡打粉 2 克、杏仁粉 30 克、植物油 15 克、清水 30 克、鲜奶 30 克、色拉油 60 克、杏仁片适量
蛋糕胚制作	鸡蛋、砂糖、盐混合搅拌至砂糖溶化,加入高筋面粉、泡打粉、杏仁粉,搅拌至无粉粒状;再加入植物油、清水、鲜奶、沙拉油混合,先慢后快拌打,使体积增至原来的 3.5 倍时,转中速搅拌,慢慢加入杏仁粉,拌至完全混合;将拌好的面糊挤到已预先粘有杏仁片的模具内,加至八分满
焙烤	烤箱于 18℃预热,将蛋糕胚置于烤箱中层,在 180℃下烤 20 分钟

4. 甜橙肉桂蛋糕

甜橙肉桂蛋糕加工技术见表 4-33。

表 4-33　甜橙肉桂蛋糕加工技术

工艺流程	技术要求
原料配方	黄油 50 克、白糖 120 克、鸡蛋 5 个、低筋面粉 200 克、甜橙 1 个、朗姆酒 5 毫升、肉桂粉 5 克

续表 4-33

工艺流程	技术要求
蛋糕胚制作	将鸡蛋放到室温下回暖；低筋面粉过筛；甜橙洗净，外皮刮成屑，橙肉压出橙汁；黄油隔水融化；鸡蛋打入容器中放入白糖；锅中倒入热水，将盛放鸡蛋的容器放到热水中，用打蛋器将鸡蛋打至硬性发泡，后分 3 次将低筋面粉加入蛋糊中，用橡皮刮刀翻拌均匀；最后加入朗姆酒、橙汁、黄油拌匀；把面糊倒入无水无油的模具中，轻轻敲打模具，将面糊内的大气泡震出来，即可入烤箱焙烤。然后将烤好的蛋糕放凉脱模后，均匀地撒上肉桂粉、橙皮屑作为装饰即可
焙烤装饰	烤箱预热后在 180℃下焙烤 20 分钟；将烤好的蛋糕放凉脱模后均匀地撒上肉桂粉、橙皮屑做装饰
注意事项	面糊不可搅拌过度，以免降低蛋糕的膨胀性；肉桂粉应在蛋糕烤熟放凉后均匀撒入，这样肉桂味更香

5. 爪印蛋糕

爪印蛋糕加工技术见表 4-34。

表 4-34　爪印蛋糕加工技术

工艺流程	技术要求
原料配方	鸡蛋 350 克、砂糖 150 克、低筋面粉 150 克、泡打粉 1 克、玉米淀粉 20 克、植物油 150 克、鲜奶 25 克、清水 25 克、沙拉油 70 克

续表 4-34

工艺流程	技术要求
蛋糕胚制作	将鸡蛋、砂糖混合搅拌至砂糖溶化后再加入过筛的面粉、泡打粉、玉米淀粉拌均;加入植物油、鲜奶、清水以先慢后快的搅拌方式搅拌至面糊体积增至原来的 3.5 倍;搅拌机转中速加入鲜奶、适量清水、色拉油,边加入边搅拌,直至完全混合均匀后,倒入模具内(八分满),即可入炉烤制
焙烤	将蛋糕胚置于烤箱中层,在 180℃ 下烘烤 20 分钟,熟透后出炉脱膜即可

爪印蛋糕如图 4-8 所示。

图 4-8 爪印蛋糕

6. 蜜桃天使蛋糕

蜜桃天使蛋糕加工技术见表 4-35。

表 4-35　蜜桃天使蛋糕加工技术

工艺流程	技术要求
原料配方	低筋面粉 200 克、蛋白 3 个、塔塔粉 2 克、细砂糖 100 克、盐 2 克、桃汁 100 毫升、水蜜桃碎 30 克
蛋糕胚制作	将蛋白、塔塔粉、盐放入无水无油的容器中，用电动打蛋器高速搅拌，分 3 次加入细砂糖，打至蛋液体积变大、颜色变白、有明显纹路，再转至中速继续打至蛋白用橡皮刮刀拉起时尖端蛋白下垂但不滴落状时，向蛋白中加入桃汁拌匀；将低筋面粉过筛 3 次，倒入加有桃汁的蛋白中拌匀呈面糊状；将面糊倒入 2 个 8 寸的中空烤模中，抹平表面后，先轻敲蛋糕模使面糊内的气泡释出后，再将蛋糕模放入预热好的烤箱内焙烤
焙烤	烤箱于 200℃预热，蛋糕胚置于烤箱中层，在 180℃下烤 30 分钟后打开烤箱，轻拍蛋糕表面，若蓬松有弹性即表示蛋糕已经烤熟
注意事项	蛋白搅拌适度以液态膨大、颜色变白、纹路明显、提升液态尖端下垂而不下滴为标准；取出蛋糕模时应倒扣放凉，待蛋糕完全放凉后，脱模以水蜜桃碎装饰食用即可

7. 蜂蜜蛋糕

蜂蜜蛋糕加工技术见表 4-36。

表 4-36　蜂蜜蛋糕加工技术

工艺流程	技术要求
原料配方	低筋面粉 80 克、鸡蛋 100 克、蜂蜜 40 克、细砂糖 40 克、色拉油 30 毫升
蛋糕胚制作	将细砂糖、蜂蜜、鸡蛋放入碗中，入热水锅中隔水用打蛋器打发备用；待蛋液从细腻的泡沫开始变得非常浓稠、提起打发后的蛋液可以在蛋糊表面画出花纹且持续较长时间不会消失时即打发完成；将低筋面粉过筛 3 次，再分 2 次筛入蛋糊里；用橡皮刮刀以翻拌的形式将面粉和蛋糊充分拌匀，加入色拉油，同样采用翻拌的形式拌匀，即成蛋糕糊，然后将其倒入模具中，约 2/3 满的程度就可以了
焙烤	烤箱预热 200℃，将蛋糕胚放入烤箱中层，以 190℃烤 15 分钟左右，待表面烤至上色即可
注意事项	全蛋打发采用水浴打发法，在 40℃左右的温度下能大大节约打发时间；蛋糕糊搅拌要轻快均匀，避免糊内出现"面疙瘩"，搅时不打圈，以免气泡消失，影响胶黏性

8. 红豆蛋糕

红豆蛋糕加工技术见表 4-37。

表 4-37　红豆蛋糕加工技术

工艺流程	技术要求
原料配方	低筋面粉 80 克、蜂蜜 40 毫升、色拉油 30 毫升、鸡蛋 2 个、细砂糖 40 克，蜜红豆适量

续表 4-37

工艺流程	技术要求
蛋糕胚制作	将细砂糖、蜂蜜、鸡蛋放入碗中,入热水锅隔水用电动打蛋器打发,先用低速搅拌,等到出现细腻的乳沫后,换高速度,快速搅拌,打至蛋液变得非常浓稠、提起打发后的蛋液可以在蛋糊表面画出花纹且持续较长时间不会消失时即完成打发。将低筋面粉分 2 次筛入蛋糊中,并用橡皮刮刀从底部向上不断翻拌均匀后加入色拉油、蜜红豆翻拌均匀,倒入模具里,约 2/3 的厚度即可
焙烤	烤箱预热 190℃,将蛋糕胚置于中层,在 170℃下烤焙 15 分钟左右
注意事项	鸡蛋打发要彻底,同时和面粉搅拌的时候,一定要注意手法,如果打发不当或者搅拌不当,会影响蛋糕的松软程度

9. 咖啡奶酪蛋糕

咖啡奶酪蛋糕加工技术见表 4-38。

表 4-38　咖啡奶酪蛋糕加工技术

工艺流程	技术要求
原料配方	①蛋糕底:消化饼干 100 克、黄油 50 克; ②巧克力表层:黑巧克力 70 克、动物性淡奶油 60 毫升、黄油 10 克; ③蛋糕体:奶油奶酪 250 克、鸡蛋 2 个、细砂糖 50 克、动物性淡奶油 60 毫升、速溶咖啡粉 12 克(溶入 15 毫升开水中)

续表 4-38

工艺流程	技术要求
糕胚制作	①蛋糕底制作:取一个保鲜袋,把消化饼干放进保鲜袋里,扎紧保鲜袋口,用擀面杖把消化饼干压成碎末状后盛出备用;把黄油切成小块,隔水加热成液态,把消化饼干碎末倒进黄油里,用手把消化饼干碎末和黄油抓匀;把抓匀的消化饼干碎末均匀地铺在 6 寸的蛋糕模底部,并用小勺压平压紧;铺好蛋糕底后,把蛋糕模放进冰箱冷藏备用; ②蛋糕体制作:将奶油奶酪放入碗中入热水锅隔水加热至软化;在碗里加入细砂糖,用电动打蛋器把奶油奶酪和糖一起打至顺滑;将鸡蛋一个个地打入奶酪糊里,并用电动打蛋器搅打匀匀;注意要先将第一个鸡蛋和奶酪糊撑打均匀后再加第二个,此时把碗从热水里拿出来,在奶酪糊里倒入动物性淡奶油和已经溶解的咖啡,搅拌均匀即成咖啡奶酪蛋糕糊;把搅拌好的咖啡奶酪蛋糕糊倒入蛋糕模并放入烤盘,如果用的是活底模需要在蛋糕模底部包上锡纸,并在烤盘里注入清水,注水高度达蛋糕糊高度的 1/3 以上;在等待乳酪蛋糕冷却的时候可以制作巧克力表层,即把黑巧克力和黄油切小块,放入大碗里,倒入 60 毫升动物性淡奶油,把碗隔水加热,并不断搅拌,直到黄油和巧克力完全融化
焙烤	烤箱预热 180℃,把蛋糕模连同烤盘一起放入烤箱中层,在 160℃ 下烤 1 小时;蛋糕出炉冷却后,将巧克力混合液直接倒在乳酪蛋糕上,静置10 分钟,待巧克力混合液变平整后,将蛋糕模放入冰箱内冷藏 4 小时以上,脱模时要用小刀沿着蛋糕模壁划一圈,使外观平整光亮

10. 巧克力蛋糕

巧克力蛋糕加工技术见表 4-39。

表 4-39 巧克力蛋糕加工技术

工艺流程	技术要求
原料配方	黑巧克力 100 克,黄油 65 克,蛋黄 3 个,细砂糖 30 克,动物鲜奶油 60 克,低筋面粉 30 克,可可粉 30 克,蛋白 3 个,细砂糖 40 克,红樱桃、切碎巧克力、糖粉各适量
蛋糕胚制作	低筋面粉和可可粉混合过筛;蛋黄加细砂糖打散至砂糖融化;鲜奶油隔水加热至 40℃;巧克力、黄油切块隔水加热至 40℃,化成酱状后加入鲜奶油,再加入打散的蛋黄搅拌均匀;蛋白加细砂糖打至湿性发泡状时,取出 1/3 打发的量拌入面糊中,拌均匀后倒回剩下的打发蛋白中,再翻拌均匀即可;筛入低筋面粉和可可粉搅拌成面糊;蛋糕糊倒入 6 寸活底圆模具内入烤
焙烤	烤箱于 180℃预热后,将蛋糕胚置于烤箱中层以 160℃烤 50 分钟;烤好的蛋糕无须倒扣,自然冷却后摆樱桃装饰即可
注意事项	冬天气温低于 18℃,巧克力和黄油拌匀时,要加温保持温度;夏天巧克力和黄油化开后要凉至 30℃再加入蛋黄和面粉

巧克力蛋糕加工主要环节如图 4-9 所示。

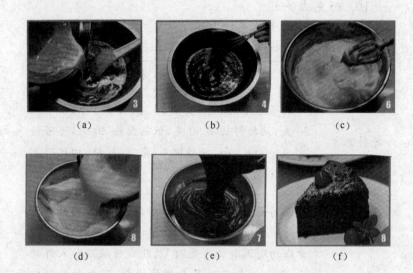

(a)　　　　　(b)　　　　　(c)

(d)　　　　　(e)　　　　　(f)

图 4-9　巧克力蛋糕加工主要环节

(a)巧克力酱加黄油混合　(b)鲜奶油拌蛋黄　(c)拌入粉料

(d)调成面糊　(e)灌模　(f)烤成

11. 芒果芝士蛋糕

芒果芝士蛋糕加工技术见表 4-40。

表 4-40　芒果芝士蛋糕加工技术

工艺流程	技 术 要 求
原料配方	①蛋糕体:奶油奶酪 250 克、细砂糖 60 克、芒果酱 60 克、酸奶油 100 克、酸奶 2 大匙、鸡蛋 2 个;鱼胶粉 30 克、芝士 30 克、橙汁适量; ②饼干底:消化饼干 90 克、黄油 30 克; ③顶部装饰:酸奶油 100 克、细砂糖 10 克

续表 4-40

工艺流程	技术要求
蛋糕胚制作	饼干底制作：先将饼干掰成小块，用搅拌机搅成粉状，黄油化成液态拌入饼干粉内，倒入模具，用铲压平，模具四周涂上黄油防粘，然后移入冰箱内冷冻，即成饼干底。将鱼胶粉加冷水泡软，芒果去皮取肉放入搅拌机内打成果泥；慕斯圈底部包上两层锡纸，用纸胶带固定，底部用盘子托着；奶油奶酪切小块，加入砂糖，隔水加热软化，边软化边搅拌至无明显颗粒状后加入芒果泥搅拌均匀放凉；鱼胶粉隔水融化成液态，加入芒果泥中充分搅拌均匀；再加入芝士粉和少量切块芒果肉拌匀即为芝士糊。将拌好的芝士糊倒入冻硬的饼干底模具内，装好后轻轻晃动一下托盘，使里面的芝士糊平坦，然后移入冰箱中冷藏 4 小时
焙烤	烤箱预热至 180℃，将蛋糕胚置于烤箱中层，在 160℃下烤 30 分钟，再调至 170℃烤 30 分钟；脱模时，先将垫底的锡纸移去，移到盘子上，用电吹风沿边缘吹 1 分钟，提起慕斯圈即可

12. 夹馅袖珍蛋糕

夹馅袖珍蛋糕加工技术见表 4-41。

表 4-41　夹馅袖珍蛋糕加工技术

工艺流程	技术要求
原料配方	无盐黄油 70 克、细砂糖 50 克、香草粉 1 小匙、鸡蛋 2 个、奶粉 30 克、低筋面粉 110 克、泡打粉 1 小匙、果酱 3 大匙

续表 4-41

工艺流程	技术要求
蛋糕胚制作	将软化的无盐黄油放入容器中,分次加入细砂糖打发至颜色变浅且顺滑,然后分次加入鸡蛋液打发糊;将所有粉料过筛后加入打发的黄油蛋液中,用橡皮刮刀拌匀成蛋糕糊;将蛋糕糊刮入蛋糕模具底部;在蛋糕糊中间填入一小匙果酱,再在表面填上面糊即可入烤
焙烤	烤箱预热至150℃,将蛋糕放入烤箱中层,烤25分钟左右即可
注意事项	蛋液要分次加入,混合不匀会油水分离;夹馅的种类可根据自己口味任意搭配,放的时候不要太多,以上下都被蛋糕糊包裹起来即可

夹馅袖珍蛋糕加工主要环节如图 4-10 所示。

(a)　　　　　　(b)　　　　　　(c)

(d)　　　　　　(e)　　　　　　(f)

图 4-10　夹馅袖珍蛋糕加工主要环节

(a)黄油打发　(b)调入蛋液　(c)灌入模具
(d)放入馅料　(e)表面盖糊　(f)入箱焙烤

13. 酸奶戚风蛋糕

酸奶戚风蛋糕加工技术见表 4-42。

表 4-42 酸奶戚风蛋糕加工技术

工艺流程	技术要求
原料配方	蛋白 4 个(160 克)、细砂糖 60 克、柠檬汁少许、蛋黄 4 个(80 克)、细砂糖 15 克、酸奶 70 克、色拉油 40 克、低筋面粉 80 克
蛋糕胚制作	将酸奶、色拉油倒入大盆内,用手动打蛋器搅至完全融合,先加入 15 克细砂糖打散,再分次加入蛋黄搅打均匀;分两次筛入低筋面粉,每次都用手动打蛋器搅拌均匀至无颗粒状,拌好的蛋黄面糊呈光滑可流动状态,水分比普通戚风蛋糕略多;蛋白中加入柠檬汁,分次加入 60 克细砂糖进行搅打,打至蛋白尖峰长而不立,手感软而轻时停止;然后取 1/3 打发的蛋白加入蛋黄面糊内翻拌均匀;再倒回剩下的 2/3 打发的蛋白内翻拌均匀;将蛋糕糊倒入模具内由上至下轻轻晃动一下,除去气泡后入烤箱焙烤
焙烤	烤箱于 180℃预热,将蛋糕胚置于烤箱中下层,在 170℃下烤 40 分钟;烤好后将模具倒扣,插在酒瓶上,彻底放凉后用脱模刀帮划脱模即可
注意事项	酸奶戚风蛋糕在打发蛋白时,不用打到硬性发泡,打至九分发即可,这样做出来的蛋糕会更绵软、细嫩

酸奶戚风蛋糕如图 4-11 所示。

图 4-11　酸奶戚风蛋糕

14. 咖啡戚风蛋糕

咖啡戚风蛋糕加工技术见表 4-43。

表 4-43　咖啡戚风蛋糕加工技术

工艺流程	技术要求
原料配方	鸡蛋 5 个、低筋面粉 85 克、色拉油 40 克、鲜牛奶 40 克、细砂糖 60 克(加入蛋白中)、细砂糖 30 克(加入蛋黄中)、速溶咖啡粉 12 克(溶入 15 毫升开水中)
蛋糕胚制作	低筋面粉过筛,蛋白、蛋黄分离,盛蛋白的盆要求无油无水,最好使用不锈钢盆;用打蛋器把蛋白打至呈鱼眼泡状时加入 1/3 的细砂糖,继续搅打到蛋白开始变浓稠呈较粗泡沫时加入 1/3 糖,再继续搅打到蛋白比较浓稠,表面出现纹路时加入剩下的 1/3 糖,然后继续搅打至蛋白能拉出弯曲尖角的时候,表示已经到了湿性发泡的程度;把 5 个蛋黄加入 30 克的细砂糖,用打蛋器轻轻打散,不要把蛋黄打发,蛋黄中依次加入色拉油、牛奶和已溶解的咖啡搅拌均匀;再加入过筛后的低筋面粉,用橡皮刮刀轻轻翻拌均匀;盛 1/3 打发的蛋白到蛋黄糊中,翻拌均匀后,把蛋黄糊全部倒入盛蛋白的盆中,用同样的手法翻拌均匀,直到蛋白和蛋黄糊充分混合;将混合好的蛋糕糊倒入模具中抹平,用手端住模具在桌上震两下,去除内部的气泡,然后放烤箱中焙烤

续表 4-43

工艺流程	技 术 要 求
焙烤	烤箱预热 180℃,将蛋糕胚置于烤箱中下层,在 170℃下烤 50 分钟;烤完取出来立即倒扣在冷却架上直到冷却、脱模,切块即可
注意事项	蛋黄加糖打散即可,如蛋黄被打到颜色变浅、体积变大,就说明被打发了,蛋黄打发会导致戚风蛋糕成品中出现较大的孔洞,不够细腻;蛋白和蛋黄糊翻拌时,用橡皮刮刀从底部往上翻拌,不要划圈搅拌

15. 蜂蜜酸奶马芬蛋糕

蜂蜜酸奶马芬蛋糕加工技术见表 4-44。

表 4-44 蜂蜜酸奶马芬蛋糕加工技术

工艺流程	技 术 要 求
原料配方	低筋面粉 100 克、泡打粉 1 小匙、黄油 50 克、细砂糖 30 克、蜂蜜 20 克、酸奶 60 克、鸡蛋 1 个、梅干 30 克、白兰地 1 大匙
蛋糕胚制作	梅干切成小块,用白兰地浸泡 30 分钟或盖上保鲜膜用微波炉低火加热 30 秒;黄油切小块,于室温下软化后低速打散;加入细砂糖和蜂蜜,先手动拌匀,再中速打至膨发;鸡蛋液分次少量加入黄油中,每次须迅速搅打至蛋、油完全融合方可再次加入,搅拌好后呈乳膏状;将低筋面粉、泡打粉混合过筛;将 1/2 粉类、1/2 酸奶加入到膏状物中拌匀,再加入剩下的粉类和酸奶,继续翻拌均匀;泡软的梅干挤干水分,加入面糊中用橡皮刮刀拌匀;将面糊装入裱花袋内,轻轻挤入模具至七分满即可;再在面糊表面撒一些梅干装饰

续表 4-44

工艺流程	技 术 要 求
焙烤	烤箱于 190℃预热,将蛋糕胚置于烤箱中层,在 175℃下烤 25~28 分钟即可
注意事项	梅干也可用葡萄干、杏干等甜味果干代替,加入面糊前要挤干浸泡的酒液,不然蛋糕里会有很浓的酒味;面糊如果不小心流到模具上时,要擦干净后再烘烤,以免烤出焦煳的模边

蜂蜜酸奶马芬蛋糕如图 4-12 所示。

图 4-12　蜂蜜酸奶马芬蛋糕

16. 咖啡慕斯蛋糕

咖啡慕斯蛋糕加工技术见表 4-45。

表 4-45　咖啡慕斯蛋糕加工技术

工艺流程	技 术 要 求
原料配方	①蛋糕主体:全蛋 2 个(120 克)、细砂糖 50 克、低筋面粉 40 克、可可粉 15 克、黄油 20 克; ②慕斯蛋糕:摩卡咖啡粉 3 小匙、热开水 2 大匙、细砂糖 15 克、咖啡甜酒 1/2 小匙、蛋黄 1 个、鲜奶 70 克、动物鲜奶油 200 克、鱼胶粉 3 小匙(9克)、清水 3 大匙、甜味浓缩炼乳 3 匙半(大匙)

续表 4-45

工艺流程	技术要求
蛋糕胚制作	①蛋糕主体制作：黄油隔水化成液态，用打蛋器将全蛋液中速打发至色转浅白、提起蛋液可写 8 字并在几秒内消失后，分两次筛入低筋面粉和可可粉，每次用橡皮刀从底部向上拌匀，再加入化开的黄油拌匀，倒入模具内； ②慕斯蛋糕制作：热开水加细砂糖用小火煮开，趁热加入咖啡粉冲泡成液态，放凉后加入咖啡甜酒，即成咖啡酒糖液；将放凉的蛋糕主体平行切成 2 片，用花形慕斯模将 2 片蛋糕按压出形状，切除多余部分，将慕斯圈底部围上锡纸，并用胶带固定，底部垫一盘子方便移动；将第一片蛋糕放入垫盘上；再将咖啡酒糖液取出小部分刷在蛋糕表面；将蛋黄、鲜奶倒入奶锅内搅打均匀，用小火煮成蛋奶浆，再加入全部的咖啡酒糖液，混合后即为咖啡蛋奶浆；鱼胶粉加清水泡软后隔水融化成液态，加到咖啡蛋奶浆中搅匀，隔冰水搅拌降温至 25℃；将液体、炼乳倒入打至七分发的鲜奶油中，搅拌均匀即为慕斯馅；制好的慕斯馅倒 1/2 的量入模具内，再盖上第二片蛋糕，倒入剩下的 1/2 慕斯馅即可
焙烤	烤箱于 150℃ 预热，将蛋糕胚置于烤箱中层，在 170℃ 下烤 15～18 分钟，最后的成品移入冰箱冷藏 4 小时以上，用电吹风沿边缘吹 1～2 分钟脱模即可
注意事项	花形慕斯模按压出形状时，须剪去沿边缘 3 毫米空隙；咖啡慕斯液体稀薄，因此鲜奶应打至七分发；花形模具脱模时，把转角位置用吹风机吹热

17. 蓝霉蛋糕卷

蓝霉蛋糕卷加工技术见表 4-46。

表 4-46　蓝霉蛋糕卷加工技术

工艺流程	技术要求
原料配方	鸡蛋 2 个、低筋面粉 34 克、色拉油 16 毫升、鲜牛奶 16 克、细砂糖 24 克(加入蛋白中)、细砂糖 12 克(加入蛋黄中),蓝莓果酱适量
糕胚制作	蛋白、蛋黄分离,将蛋白放入无油无水的钢盆中,用打蛋器把蛋白打到呈鱼眼泡状,再加入 1/3 的细砂糖,继续搅打到蛋白变浓稠,呈较粗泡沫时,再加入 1/3 糖,再继续搅打到蛋白比较浓稠、表面出现纹路时,加入剩下的 1/3 糖打至湿性发泡;蛋黄中分次加入色拉油搅匀,再加入鲜牛奶和细砂糖搅打均匀;先放入少许搅打好的蛋白拌匀,再将全部蛋白放入,自上而下翻拌均匀;然后加入过筛好的面粉拌匀,倒入铺了油纸的 8 寸烤盘中,抹平,再用力震两下,以除去蛋糕糊内部的气泡,然后进入烤箱烤制;蛋糕冷却后,把油纸从整个蛋糕上剥离下来,待蛋糕表面稍干,再将油纸重新铺在蛋糕表面;然后在蛋糕表面涂上一层蓝莓果酱;用擀面杖将油纸的一端绕在擀面杖上;油纸在擀面杖上往后卷的同时,用手推动蛋糕往前卷起来;用擀面杖,可以很方便地把蛋糕卷起来;卷好后的蛋糕卷用油纸包裹起来;油纸两端拧成糖果状,把卷好的蛋糕卷放进冰箱冷藏 15 分钟以上,使蛋糕卷定型,然后就可以撕开油纸切片

续表 4-46

工艺流程	技 术 要 求
焙烤	烤盘放入 190℃ 预热好的烤箱中层上, 在 175℃ 下烤 15 分钟左右
注意事项	蛋白蛋黄要分离, 掌握搅打均匀度; 擀面杖纸卷蛋糕时, 动作要轻巧灵活, 防止蛋糕破碎

蓝莓蛋糕卷如图 4-13 所示。

图 4-13　蓝莓蛋糕卷

八、饼干种类与制作基础

1. 饼干的种类

市场常见类型有以下几种。

①以味定名的饼干。在制作饼干过程中因加入甜、香味料不同而定名, 如香葱饼干、杏香饼干、咖啡饼干、巧克力饼干、葱香苏打饼干、香酥芝士饼干等品种。

②以食材定名的饼干。如核桃饼干、杏仁饼干、鸡蛋饼干、腰果仁饼干、奶油粟子饼干、松子仁饼干、芝麻奶酥饼干、蔬菜饼干、

海苔饼干、开心果饼干、香椰葡萄饼干、草莓果酱饼干、丹麦曲奇、银耳曲奇等品种。

③以形定名的饼干。常见有手指饼干、小熊猫饼干、月牙饼干、贝壳饼干、奶香小熊饼干等。

2. 饼干加工的一般程序

饼干品种相对而言比面包、蛋糕还要多,其取用的原辅食材比较广泛,在制作工艺上有所差别。但总体来说,其制作和焙烤略同,其制作流程为原料配方→黄油融化→蛋液打发→面团制作→擀片造型→装盘入烤→成品包装。

饼干加工的一般程序见表 4-47。

表 4-47　饼干加工的一般程序

程序	包胚制作	关键控制点
配料	干性料:面粉、糖粉及添加粉料; 液态料:鸡蛋、黄油、鲜奶、水	选用中低筋面粉为主,按配方称取各料,泡打粉依品种定量
黄油软化	黄油室温下软化或加热至融化,加入细砂糖高速搅打至完全融化	黄油加糖搅打至黄油质地油腻、柔和,油糊光滑细致,颜色淡黄为宜
搅打蛋液	蛋液分次少量加入黄油中,每次须搅打至蛋、油融合后继续搅打第二次;加鲜奶打至光滑细致呈乳膏状	搅打蛋液时,开始以电动打蛋器高速搅打,之后转为慢速搅打,搅至全蛋液泡沫呈乳黄色泛白、光滑稳定状态为度

续表 4-47

程序	包胚制作	关键控制点
制团	中、低面筋与泡打粉混合过筛,加入打发的黄油中,用橡皮刀将粉料类与黄油轻轻翻拌均匀,用保鲜膜包起来,静置松弛	面团软化、光滑,中间无疙瘩;包膜静置松弛时间为 20～30 分钟
擀胚	将发酵好的面团用擀面杖擀成长方形饼干胚	擀好的面皮厚约 0.25 厘米,用叉子在上面叉小孔
切割	按饼干品种不同,将面胚切割成方形、棱形、长方形、梅花形	饼干胚发酵后厚度一般为 0.4～0.8 厘米
焙烤	饼干胚装入烤盘内,在表面喷洒少量水,在室温下发酵20分钟左右,后进入烤箱焙烤	烤箱预热至180℃～200℃,烤盘置于烤箱上中层,温度调至170℃～180℃,烤制时间一般为 10～15 分钟

饼干加工的主要环节如图 4-14 所示。

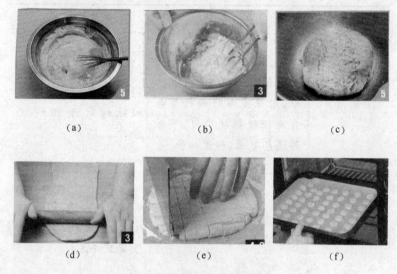

（a）　　　　　　（b）　　　　　　（c）

（d）　　　　　　（e）　　　　　　（f）

图 4-14　饼干加工的主要环节

（a）搅打蛋液　（b）混料　（c）制团
（d）擀胚　（e）切割　（f）入烤

九、饼干焙烤加工实例

1. 鸡蛋饼干

鸡蛋饼干加工技术见表 4-48。

表 4-48　鸡蛋饼干加工技术

工艺流程	技 术 要 求
原料配方	黄油 40 克、糖粉 30 克、细盐少许（1/16 小匙）、蛋黄 1 个、低筋面粉 40 克、玉米淀粉 60 克

续表 4-48

工艺流程	技术要求
饼干胚制作	黄油于室温下软化,低筋面粉和玉米淀粉混合过筛,蛋黄在碗内打散呈液态;用手动打蛋器将软化黄油搅打均匀,再加入糖粉、盐搅打均匀,分次少量地加入蛋黄液,每次搅打至蛋、油充分融合后再加入第二次继续搅打;加入混合过筛的低筋面粉和玉米淀粉,用橡皮刮刀大致将油、粉拌匀,并用手将油、粉抓捏均匀成面团备用;将面团放至案板上,揉搓成长条形,用橡皮刮板分割成18等份;将面团搓成圆球,摆放在垫有硅胶垫的烤盘上,中间预留空隙,再用西餐叉将球形压扁,压出花纹,即可入烤箱
焙烤	烤箱预热至180℃,以中层170℃烤15分钟,再移至上层160℃烤5分钟

2. 核桃饼干

核桃饼干加工技术见表4-49。

表 4-49　核桃饼干加工技术

工艺流程	技术要求
原料配方	奶油200克、砂糖100克、红糖粉120克、鸡蛋50克、清水20克、碎核桃仁100克、低筋面粉210克、苏打粉5克,燕麦片适量

续表 4-49

工艺流程	技术要求
饼干胚制作	将奶油、红糖粉、砂糖混合后打发,分次加入清水和鸡蛋拌匀,再加入碎核桃仁;加入低筋面粉、苏打粉充分搅拌后制成饼干面团,静置松弛 20 分钟,搓成小圆团,粘上燕麦片,排放在烤盘内压扁,再松弛 15 分钟后入炉
焙烤	烤箱预热至 160℃,将饼干胚置于烤箱中层,在 150℃下烤 25 分钟

3. 莲子粉饼干

莲子粉饼干加工技术见表 4-50。

表 4-50　莲子粉饼干加工技术

工艺流程	技术要求
原料配方	低筋面粉 150 克、酵母 1/2 小匙、小苏打 1/8 小匙、盐 1/8 小匙、花生 80 克、黑芝麻 8 克、蛋白 1/2 份、鸡蛋 1 个、细砂糖 70 克、莲子粉 70 克、色拉油 40 毫升、豆浆 40 毫升,香草粉少许
饼干胚制作	将细砂糖与鸡蛋搅匀,加入莲子粉搅匀;分次加入少量色拉油,搅拌呈糊状,然后依次加入豆浆、香草粉;最后加入筛好的低筋面粉、切碎的花生、黑芝麻、酵母、小苏打、盐搅拌均匀制成面团;将面团分成 2 等份搓成椭圆形,放到铺有烤焙油纸的烤盘中,表面刷上蛋白液,送入烤箱中层焙烤

续表 4-50

工艺流程	技 术 要 求
焙烤	烤箱预热至 180℃,分两次焙烤,第一次温度控制在 170℃～180℃烤 30 分钟,取出切成 1 厘米厚的片后,再次入烤箱中层焙烤,在 170℃～180℃下烤 6 分钟即可

4. 五君子饼干

五君子饼干加工技术见表 4-51。

表 4-51　五君子饼干加工技术

工艺流程	技 术 要 求
原料配方	"五君子"即整粒杏仁 15 克、核桃仁 15 克、瓜子仁 15 克和葡萄干 50 克、枸杞 25 克,全麦面粉 200 克、红糖 100 克、鸡蛋 2 个、杏仁粉 60 克、泡打粉 5 克、盐 1/4 小匙,高筋面粉少许
饼干胚制作	将杏仁、核桃仁、瓜子仁放到烤箱中层,在 150℃下烤 10 分钟放凉;葡萄干和枸杞先用冷水浸泡 10 分钟再沥干水分;全麦面粉、杏仁粉、泡打粉、盐先在盆内混合均匀;用电动打蛋器将鸡蛋和过筛红糖搅打均匀,打至红糖溶化即可,然后加入所有粉料,用橡皮刮刀翻拌均匀,直至混合成面团,再加入 3 种果仁和葡萄干、枸杞;台面上撒少许高筋面粉,将面团整理呈长条状,静置 1 小时后准备入炉焙烤
焙烤	烤箱预热至 180℃,将饼干胚放到烤箱中层,在 130℃下烤 5 分钟后,取出放凉,切成 1 厘米厚的薄片,切面朝上放到中层,在 130℃下烤 10 分钟;然后翻面再烤 10 分钟

5. 芝麻饼干

芝麻饼干加工技术见表 4-52。

表 4-52　芝麻饼干加工技术

工艺流程	技 术 要 求
原料配方	奶油 500 克,糖粉 350 克,盐 35 克,奶粉 125 克,奶香粉 200 克,鲜奶 100 克,鸡蛋 200 克,低筋面粉 625 克,黑芝麻、白芝麻适量
饼干胚制作	把奶油、糖粉、盐混一起打发后加入鸡蛋搅拌均匀,再加入鲜奶混合均匀;然后依次加入低筋面粉、奶粉、奶香粉搅拌至充分混合后装入布裱花袋中;使用中号圆嘴的裱花嘴把面团挤在烤盘中成形;将黑白芝麻混合后撒在饼干胚表面
焙烤温标	烤箱于 190℃预热,以中层 170℃烤 25 分钟左右

6. 果酱饼干

果酱饼干加工技术见表 4-53。

表 4-53　果酱饼干加工技术

工艺流程	技 术 要 求
原料配方	黄油 60 克、糖粉 35 克、蛋黄 1 个(20 克)、果酱适量、蛋白液少许、中筋面粉 85 克、低筋面粉 40 克,高筋面粉少许
饼干胚制作	黄油用电动打蛋器低速打散,拌入糖粉以中速搅打均匀,呈膨松状即可;然后将蛋黄打散,分次少量地加入打发的黄油中;加入面粉和匀后取出,捏合成团;用保鲜膜将面团包住,移入冰箱冷藏 20 分钟,取出将面团擀制成 0.5 厘米厚的面胚,先用花形模具按压,再用圆形模具在一半的花形中心按出圆形;将成形饼干胚放在垫有油纸的烤盘上,表面刷上薄薄的蛋白液;取出另一半花形胚,覆盖在原花形表面,然后准备入烤箱焙烤

续表 4-53

工艺流程	技 术 要 求
焙烤	烤箱预热至 190℃后,将烤盘置于烤箱中层,在 170℃下烤 12 分钟,再移至上层烤 5~8 分钟;烤好的饼干凉至温热时,再移上烤网,在中心位置填入果酱即可
注意事项	每次压制成形后,先要小心地把边缘的面皮移开,再铲起花形,铲时动作要轻,否则很容易破碎;要在饼干烤熟时填入果酱

7. 巧克力饼干

巧克力饼干加工技术见表 4-54。

表 4-54　巧克力饼干加工技术

工艺流程	技 术 要 求
原料配方	黑巧克力 100 克、杏仁 50 克、自发粉 100 克、鸡蛋 1 个、黄油 20 克
制胚、焙烤	鸡蛋搅打成蛋液与自发粉和成面团,放在阴凉处静置发酵 30 分钟;将发酵的面团揉匀后擀成 0.5 厘米厚的片,再切成长方形饼块;将烤盘垫上锡箔纸,并在锡箔纸上抹上黄油,将饼块放入烤盘,置于提前预热至 180℃的烤箱中层烤 10 分钟至熟;杏仁洗净,沥干水分后,放入保鲜袋中,用擀面杖碾碎备用;巧克力隔水加热至融化,将烤好的饼干放入融化的巧克力酱中蘸匀,并趁热撒上杏仁碎即可

8. 椒盐香葱苏打饼干

椒盐香葱苏打饼干加工技术见表 4-55。

表 4-55 椒盐香葱苏打饼干加工技术

工艺流程	技术要求
原料配方	低筋面粉 150 克,酵母 3 克,水 70 克,黄油 35 克,小苏打 1 克,盐 1 克,干葱碎 5 克,椒盐、盐水少许
饼干胚制作	将室温下软化的黄油和各种面粉、干酵母、糖粉、盐、小苏打、香葱碎、水混合揉和成团,在案板上揉 10~15 分钟,用保鲜膜包起来,松弛 20 分钟;将松弛后的面团擀成长方形,把一端从它的 1/3 处向中间折起来;另一端也从它的 1/3 处向中间折起来,折完后面朝下擀开成长方形,然后再重复以上动作两次;最后将折好的面胚擀成厚约 0.25 厘米的片,用叉子在上面叉出均匀密集的透气小孔,再用刀切成正方形的小块后即可装入烤盘,在饼干胚表面喷少许盐水,撒上椒盐再发酵至饼干胚厚度达 0.4 厘米即可入烤箱焙烤
焙烤	烤箱提前预热到 200℃,将饼干胚置于烤箱中层,在 180℃下烤 10 分钟
注意事项	苏打饼干制作的关键是面团发酵,其中混料发酵阶段控制 20 分钟,面胚入烤盘后发酵要以面胚发至厚度达 0.4 厘米为宜

9. 奶酪饼干

奶酪饼干加工技术见表 4-56。

表 4-56 奶酪饼干加工技术

工艺流程	技术要求
原料配方	低筋面粉 500 克,砂糖 50 克,鸡蛋 2 个,黄油 60 克,鲜牛奶 100 毫升,奶酪、盐、小苏打、蛋白液少许
饼干胚制作	黄油室温下软化后和糖粉混合,用打蛋器打发,打至颜色变浅、体积膨松;在已经打发的黄油里倒入打散的鸡蛋,用打蛋器搅打至黄油和鸡蛋完全融合,并呈现膨松轻盈的状态;再加入鲜牛奶,用打蛋器打至混合均匀后把面粉倒入混合好的液态原料中,用橡皮刮刀轻轻搅拌,和成面团;将和好的面团用塑料保鲜膜包裹放入冰箱,待面团凝固后切片放入烤盘,刷上蛋白液准备入烤箱焙烤
焙烤	烤箱预热至 190℃,将烤盘置于烤箱中下层,在 170℃下烤 10 分钟
注意事项	黄油搅打至蛋液完全融合在一起,呈乳膏状态;奶酪最好选荷兰出产的,其乳味较浓

奶酪饼干如图 4-15。

图 4-15 奶酪饼干

10. 草莓饼干

草莓饼干加工技术见表 4-57。

表 4-57　草莓饼干加工技术

工艺流程	技术要求
原料配方	无盐黄油 60 克,蓝莓酱 60 克,细砂糖 50 克,低筋面粉 100 克,蛋黄 5 个,盐少许
饼干胚制作	将无盐黄油于室温下软化,低筋面粉过筛 3 次;盆中放入无盐黄油,用勺背刮拌至柔软,加入蛋黄,改用打蛋器搅拌呈膏状;再放入细砂糖和盐搅匀;而后加入过筛后的低筋面粉,搅拌成面团,将面团用塑料保鲜膜包好,置于冰箱冷藏室中松弛 1 小时以上,取出将面团分成两份,再擀成两张大小相同的面皮,在面皮上涂上蓝莓酱,然后从一侧的边缘开始卷起;卷上保鲜膜,在案板上滚动,使面卷粗细一致,再放入冰箱冷冻室内静置 10 分钟后,将面卷切成 1 厘米左右的圈,准备入烤箱焙烤
焙烤	烤箱预热至 190℃,将饼干胚放入烤箱中层,在 150℃下烤 10 分钟即可
注意事项	黄油加入面粉、蛋黄、砂糖和盐时应按步骤进行,且每种原料加入后均要搅至完全融合;饼干刚烤好时较软,不要马上拿起,要等完全放凉后才可拿起,凉后即脆,如果凉后仍不脆,可放入烤箱中层 150℃再烤 5 分钟

11. 绿茶松烤饼干

绿茶松烤饼干加工技术见表 4-58。

表 4-58　绿茶松烤饼干加工技术

工艺流程	技 术 要 求
原料配方	低筋面粉 220 克、泡打粉 15 克、细砂糖 5 克、盐 1 克、无盐奶油 100 克、鲜奶 120 克、鸡蛋 50 克、绿茶粉、红豆粉适量
饼干胚制作	把无盐奶油、低筋面粉、糖、盐、鸡蛋混合拌匀；再加入鲜奶用打蛋机拌至细滑制成面团；用保鲜纸将面包包好，放入冰箱冷藏 30 分钟后取出把面团分成 2 份，1 份加入绿茶粉，1 份加入红豆粉；把红豆面团擀平，包上条状的绿茶面团，用刀切开即可准备入烤箱焙烤
焙烤	烤箱预热至 180℃，将饼干胚置于烤箱中层，在 160℃下烤 20 分钟
注意事项	饼干胚要厚薄均匀，一般薄型饼干品质酥脆，口感好，焙烤时间要相对缩短些；面皮切割的边角料应收集后重新揉和成团，松弛 10 分钟后再擀成饼干

12. 花形饼干

花形饼干加工技术见表 4-59。

表 4-59　花形饼干加工技术

工艺流程	技 术 要 求
原料配方	鸡蛋 2 个，中筋面粉 320 克，泡打粉少许，白糖、植物油、盐适量

续表 4-59

工艺流程	技 术 要 求
饼干胚制作	将面粉、泡打粉、鸡蛋液、白糖、植物油、盐依次放入盆中搅拌成均匀的面团;在案板上撒一层薄薄的面粉,放上面团,再在面团上撒一层面粉,将面团擀成 0.3 厘米厚的薄片,放置 30 分钟;用饼干模印成花叶形状,用叉子在上面刺一些细孔,放入涂上油的烤盘内
焙烤	烤箱预热至 180℃,将饼干胚置于烤箱中层,在 160℃下烤 20 分钟
注意事项	上述原料混合时,只有当一种材料拌匀后,才可加入第二种材料

13. 夹心香酥饼干

夹心香酥饼干加工技术见表 4-60。

表 4-60　夹心香酥饼干加工技术

工艺流程	技 术 要 求
原料配方	①面糊:蛋黄 50 克、糖粉 30 克、蛋白 80 克、砂糖 30 克、低筋面粉 90 克、可可粉 10 克 ②内馅:巧克力 60 克、淡奶油 80 克,葡萄干、杏仁、核桃仁碎少许
饼干胚制作	蛋黄 50 克加糖粉 30 克打发至白浓稠状;蛋白 80 克加砂糖 30 克打发至硬性发泡;取 1/3 蛋白加入蛋黄中翻拌均匀,然后再将蛋黄倒回蛋白中拌匀,加入过筛的低筋面粉和可可粉;面糊装入裱花袋中,挤出大小一致的圆形饼胚,送入烤箱备烤;苦甜巧克力放微波炉中软化,淡奶油入锅隔水加热至 80℃左右,与软化后的巧克力混合搅拌均匀

续表 4-60

工艺流程	技 术 要 求
焙烤	烤箱预热至 170℃,将饼干胚置于烤箱中层,在 150℃下烤至表面呈金黄色取出,在烤好的饼上放巧克力、杏仁、核桃仁碎、葡萄干

14. 奶油曲奇

奶油曲奇加工技术见表 4-61。

表 4-61　奶油曲奇加工技术

工艺流程	技 术 要 求
原料配方	低筋面粉 200 克、黄油 130 克、砂糖 35 克、糖粉 65 克、鸡蛋 50 克、香草粉 1/4 小匙
饼干胚制作	黄油切成小块,放在室温下软化,用打蛋器搅打至顺滑;加入细砂糖和糖粉,继续搅打至黄油顺滑、体积稍有膨大;分 3 次加入打散的鸡蛋液,每一次都要搅打到鸡蛋与黄油完全融合再加下一次,搅打完成后黄油应该呈体积蓬松、颜色发白的奶油霜状;然后加入香草粉搅打均匀;最后筛入低筋面粉,用橡皮刮刀或者扁平的勺子,把面粉和黄油搅拌均匀;将面糊装入裱花袋中,选好所喜欢的裱花嘴,在烤盘上挤出花纹;放入预热好的烤箱内焙烤
焙烤	烤箱预热至 200℃,将饼干胚置于烤箱中层,在 190℃下烤 10 分钟

奶油曲奇加工主要环节如图 4-16 所示。

图 4-16 奶油曲奇加工主要环节

(a)黄油软化　(b)加糖搅打　(c)蛋液融合　(d)调制面糊　(e)造型裱花　(f)入箱焙烤

15. 麦丹曲奇

麦丹曲奇加工技术见表 4-62。

表 4-62 麦丹曲奇加工技术

工艺流程	技术要求
原料配方	黄油 75 克、细砂糖 20 克、糖粉 25 克、盐 0.3 克、鸡蛋 1 个、鲜奶 10 克、中筋面粉 50 克、低筋面粉 50 克、泡打粉 0.3 克
饼干胚制作	黄油切小块,于室温下软化,用电动打蛋器以低速打散,加入细砂糖、糖粉、盐先手动拌和,再低速搅打均匀,转高速搅至松发;鸡蛋液分次少量地加入黄油中,每次须搅打至蛋、油融合后,再加入第二次;再分两次加入鲜奶,搅打至呈光滑细致的乳膏状即可;将中筋面粉、低筋面粉、泡打粉混合过筛,加入打发的黄油混合液中,用橡皮刮刀将粉类和黄油轻轻翻拌均匀后装入裱花袋内,使用中号菊花嘴在烤盘上挤出花形,中间要留些许空隙

续表 4-62

工艺流程	技术要求
焙烤	烤箱预热至 200℃,将饼干胚置于烤箱中层,在 180℃下烤 10 分钟,再移至上层,在 150℃下烤 5 分钟
注意事项	黄油刚加入糖粉类时,要先手动拌匀,再用电动搅拌器低速搅打,否则糖粉会飞溅出来;刚烤好的饼干用手指捏饼底中心部位会有些软,放凉后就会变硬、变酥了,否则说明烘烤时间不够,继续以 150℃烤约 5 分钟

十、其他糕点的种类与制作基础

1. 其他类型糕点的特点与加工方式

常见其他类型糕点的特点与加工方式见表 4-63。

表 4-63　常见其他类型糕点的特点与加工方式

类别	特点	加工方式
酥	松脆香酥	面粉、黄油等制成酥皮,多层折叠,再添加各种馅料,通过焙烤制成
挞	柔软香酥	以油酥面团为胚料,卷成筒形,内有馅料,放入挞模内,通过焙烤装饰制成
派	咸甜多样	派是一种油酥面饼,内含水果或馅料,常用圆形模具做坯模,外形有单层派和双层派之别,通过焙烤制成

续表 4-63

类别	特点	加工方式
布丁	柔软甜点	以鸡蛋、黄油、白糖、鲜奶等为主要原料,借助布丁杯料,通过冰箱冷藏凝固,再焙烤制成
泡芙	美观香甜	以鲜奶加黄油和水煮沸后烫制粉料,搅入鸡蛋,通过挤糊、焙烤、填料等工艺制成

2. 常见其他类型糕点加工的一般程序

常见其他类型糕点加工的一般程序见表 4-64。

表 4-64 常见其他类型糕点加工的一般程序

工艺流程	操作要领	关键控制点
原料配方	①外层面团:低筋面粉120克、高筋面粉85克、黄油40克、细盐5克、清水120克; ②裹入黄油:黄油185克,内馅和外表食材任选	外用黄油和内裹黄油品种是同一种,用量跟与之搭配的果、蔬、咖啡、巧克力等不同
油粉捏团	将黄油软化后,加入两种面粉混合均匀,再把细盐溶水后倒入制成油面团	黄油提前取出,软化至手指能按出痕迹为止
黄油擀块	在面团表面画十字口,包膜后置于冰箱内松弛60分钟;然后将185克黄油包入塑膜内,擀成方形块放入冰箱冷藏30分钟	冷藏松弛时间要准确

续表 4-64

工艺流程	操作要领	关键控制点
面团擀皮	将松弛好的面团擀成比黄油块略大些的面皮	面团皮要比黄油块大 30％
两团接合	黄油块叠于面皮上，将面皮四边向中央接合，黏紧接缝	面皮四边角拉紧，使外皮与油块吻合黏紧
擀压松弛	将合拢面皮擀匀后，再进行三折合拢，然后包膜放入冰箱冷藏松弛 30 分钟	三折合拢即将前后两端向中间 1/3 处折入
折叠复擀	再进行一次三折合拢后，擀皮包膜入冰箱冷藏松弛 20 分钟，取出再进行两次三折合拢后擀皮便成 4 毫米厚的面酥皮	擀皮后盖膜冷藏松弛 20 分钟后，再行折叠、擀压
馅心选料	中式茶点的馅料常选用核桃仁、杏仁、栗子、红豆、水果、肉馅； 西式茶点多选咖啡、巧克力、果酱、芝士粉等	熟化后才能使用
造型软式	单纯酥皮制卷、酥皮包裹馅心、酥皮多层混叠、模底酥皮锦上添花	掌握酥皮适应性，搭配要合理
焙烤成品	将烤箱预热至 180℃～200℃后，区分不同品种选择按所需温度对号入座烤，一般品种置烤箱中层烤 15～30 分钟	焙烤温度视品种而定，以烤至表面金黄色为宜

十一、其他糕点焙烤加工实例

1. 蛋黄酥

蛋黄酥加工技术见表 4-65。

表 4-65　蛋黄酥加工技术

工艺流程	技术要求
原料配方	①油皮材料:低筋面粉 200 克、猪油 60 克、糖 40 克、水 100 克; ②油酥材料:低筋面粉 120 克、猪油 60 克; ③内馅材料:红豆沙 320 克、咸蛋黄 8 个、料酒适量; ④表面装饰材料:蛋黄液、黑芝麻适量
酥胚制作	将所有油皮材料混合揉好,用塑料袋覆盖松弛;另将所有油酥材料混合揉和,用塑料袋覆盖松弛;然后分别将松弛后的油皮、油酥切成 16 等份,油皮压平,中间放入油酥后包起;把包入油酥的油皮接口朝上放置,用擀面杖稍微压平擀开呈长椭圆形,再自上而下卷起,再擀开后卷起;放置松弛约 15 分钟以上;咸蛋黄喷少许料酒,放入 180℃烤箱内,烤至表面变色,取出放凉,一切为二;将红豆沙分成 16 等份,每份分别包入半个咸蛋黄成馅心;取一块松弛好的油酥皮,封口朝上,用大拇指从中间按下,将四周收拢呈球形,压扁,擀成圆皮,包入馅心后收口,摆入烤盘中;在表面均匀地刷上蛋黄液,撒上少许黑芝麻

续表 4-65

工艺流程	技术要求
焙烤	烤箱预热至 200℃,将烤盘置于烤箱中层,在 180℃下烤 30 分钟左右
注意事项	油皮油酥混合揉好,盖膜松弛时间保持 15 分钟以上使其发酵;油皮包裹油酥时接口须黏紧,擀后卷紧松弛;包馅心时四周收拢要黏紧

2. 花生酥

花生酥加工技术见表 4-66。

表 4-66 花生酥加工技术

工艺流程	技术要求
原料配方	蛋白 200 克、砂糖 200 克、可可粉 15 克、低筋面粉 60 克、酥油 60 克、花生粉 60 克、花生碎适量
酥胚制作	把蛋白和砂糖混合在一起,先慢后快地拌打,起发至原来的 2 倍,制成蛋白霜;加入可可粉、低筋面粉、花生粉充分搅拌至没有粉粒,然后加入融化了的酥油,搅拌呈糊状;在耐高温布上铺上一张胶模,倒上面糊,用抹刀将面糊抹平,填充于胶模的孔内;然后去掉胶模,表面散上花生碎后,去掉多余的花生便可入烤箱焙烤
焙烤	烤箱预热至 160℃,将酥胚置于烤箱中层,在 140℃下烤 20 分钟

3. 菊花酥

菊花酥加工技术见表 4-67。

表 4-67　菊花酥饼加工技术

工艺流程	技术要求
原料配方	奶油 175 克、糖粉 125 克、盐 3 克、色拉油 140 克、清水 120 克、高筋面粉 430 克、吉士粉 20 克、奶香粉 3 克，菊花、樱桃适量
酥胚制作	将奶油、糖粉、盐 3 种材料混合搅拌至奶白色；分次加入色拉油、清水，边加入边搅拌至完全融合；加入高筋面粉搅拌至完全融合呈面糊状；取裱花袋装上花嘴，然后装入面糊，挤到烤盘上，再用菊花和樱桃装饰
焙烤	烤箱预热至 170℃，将烤盘置于烤箱中层，在 150℃下烤至酥胚呈金黄色后出炉
注意事项	装饰时要压实，炉温不宜过高，否则易烤焦失色

4. 凤梨酥

凤梨酥是台湾的著名小吃，外皮酥松，内馅甜而不腻，风味独特。凤梨酥如图 4-17 所示。

凤梨酥加工技术见表 4-68。

图 4-17　凤梨酥

表 4-68　凤梨酥加工技术

工艺流程	技术要求
原料配方	①馅料：凤梨果肉 400 克、冬瓜 400 克、白砂糖 100 克、麦芽糖 60 克、黄油 15 克（隔水化成液态）； ②酥皮：黄油 168 克、奶油 56 克、糖粉 100 克、细盐 1/4 小匙、鸡蛋 90 克、低筋面粉 385 克、奶粉 50 克

续表 4-68

工艺流程	技 术 要 求
酥胚制作	将凤梨果肉、冬瓜分别用搅拌机打成泥状,连果汁一起倒入锅内,用大火煮开后,再转中火煮制,煮至水量少了一半时,加入白砂糖,再煮至水分快干时,加入麦芽糖;继续煮至水干,此时要不停翻动锅底,以免粘锅,至完全干时加入黄油搅拌均匀放凉备用;将黄油和白奶油分别切小块,放入打蛋盆内软化,白油要切得很细,用电动打蛋器低速打散,加入糖粉继续搅打,先低速搅打至糖、油融合,再高速搅打至黄油呈羽毛状;将鸡蛋打散,分两次加到上述混合物中,每次都用高速打发均匀;筛入低筋面粉翻拌均匀并用手抓捏成团;包入凤梨酥馅做成团状,再放进模具中整好形,便可放入烤盘中准备焙烤
焙烤	烤箱预热至 190℃,将烤盘置于烤箱上层,在170℃下烤 20 分钟至表面上色;再翻面以 150℃继续烤 20 分钟
注意事项	煮凤梨馅时要先用大火煮开,然后一直用中火煮约 30 分钟,再加入其他材料

5. 蝴蝶酥

蝴蝶酥加工技术见表 4-69。

表 4-69　蝴蝶酥加工技术

工艺流程	技 术 要 求
原料配方	低筋面粉 220 克、高筋面粉 30 克、黄油 40 克、糖 20 克、盐 1.5 克、水 125 克、酥片油(裹入油)180 克、白砂糖、蛋液少许

续表 4-69

工艺流程	技术要求
酥胚制作	面粉、糖、盐、水混合,加入室温下软化的黄油揉成面团,用保鲜膜包好,放进冰箱冷藏松弛 20 分钟;把酥片油放入保鲜袋内排好,然后压成厚薄均匀的片状,放入冰箱冷藏至变硬;把松弛好的面团取出,擀成长方形,长度约为黄油薄片宽度的 3 倍,宽比黄油薄片的长度稍长些;把黄油薄片放在长方形面片中央,把面片的一端向中央翻过来,盖在黄油薄片上,另一端也翻过来,使黄油薄片包裹在面片里,把面片的一端压死,把面皮中的气泡从另一端挤出来;再将面片旋转 90°,再次擀成长方形后将面皮的一端向中心折过来,另一端也向中心翻折过来,把折好的面皮对折,就完成了第一轮 4 折,然后包上保鲜膜,放入冰箱内冷藏松弛 20 分钟左右,再重复上面的做法,进行两轮 4 折;最后把面片擀开成厚度约 0.3 厘米的长方形,并在上面刷一层清水,待表面产生黏性以后,撒上一层砂糖,然后沿长边把酥皮从两边向中心卷起,包好冷冻 30 分钟后,用刀把卷好的酥皮切成厚度为 0.6~0.8 厘米的片,刷上蛋液再撒上白砂糖即可入炉焙烤
焙烤	烤箱预热到 200℃,把烤盘放入烤箱上层,在 180℃下烤 25 分钟左右,烤至微金黄色即可
注意事项	面片包裹黄油后,挤压出面里的气泡,防止气泡包在面片中;卷片裁切时,小片会被压扁,可用手轻捏修复成扁平状

蝴蝶酥加工主要环节如图4-18所示。

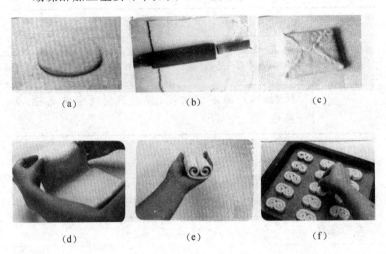

(a)　　　　　　　　(b)　　　　　　　　(c)

(d)　　　　　　　　(e)　　　　　　　　(f)

图4-18　蝴蝶酥加工主要环节

(a)和成面团　(b)擀片　(c)折叠　(d)卷皮　(e)整形　(f)入烤

6. 沙姜酥

沙姜酥加工技术见表4-70。

表4-70　沙姜酥加工技术

工艺流程	技术要求
原料配方	奶油500克、砂糖450克、鸡蛋50克、沙姜150克、花生120克、低筋面粉630克、泡打粉5克,椰蓉适量
酥胚制作	把奶油和砂糖混合在一起,搅拌至砂糖七分溶解,加入鸡蛋拌匀;再加入切碎的酥姜、花生搅拌至完全融合;最后加入低筋面粉、泡打粉和成面团,覆膜静置松弛约20分钟后搓成小团,粘上椰蓉,排放在烤盘内,稍微压扁一点再松弛15分钟

续表 4-70

工艺流程	技术要求
焙烤	烤箱预热至 150℃,将烤盘置于烤箱下层,在 130℃下烤 20 分钟
注意事项	烤制时,炉温不宜过高,否则易失去金黄色泽,影响外观

7. 杂粮香脆饼

杂粮香脆饼加工技术见表 4-71。

表 4-71　杂粮香脆饼加工技术

工艺流程	技术要求
原料配方	黄油 25 克、糖粉 40 克,盐 1 克、低筋面粉 100 克、苏打粉 1 克、水 30 克、杂粮粉 35 克
饼胚制作、焙烤	将黄油室温下软化,加入糖粉拌匀;筛入低筋面粉、苏打粉、盐和水揉成面团;再加入杂粮粉揉匀;将面团整块放入预热至 200℃的烤箱内,第一次烤时开上下火模式,或慢火慢焙模式,在 180℃下烤 15 分钟后取出;待半凉时切成 1~1.5 厘米厚的薄片;待自然凉透后,入炉进行第二次焙烤,温度控制在 150℃,把水分烤干
注意事项	可选用杂粮、玉米、高粱、小米,搓团不宜太久,以免影响口感;第一次慢火慢烤,出炉半凉时抓紧切片,如太干,切时易碎

8. 咖啡椰子饼

咖啡椰子饼加工技术见表 4-72。

表 4-72　咖啡椰子饼加工技术

工艺流程	技术要求
原料配方	奶油 180 克、糖粉 200 克、蛋白 140 克、咖啡粉 8 克、清水 10 克、低筋面粉 180 克、椰蓉 60 克,开心果仁适量
饼胚制作	将奶油、糖粉两种原料混合搅匀后加入蛋白,边加边搅拌至均匀,再加入咖啡粉、清水拌匀;最后加入低筋面粉、椰蓉继续搅拌,直至完全混合;将面糊铺到耐高温布和瓦片模上,用抹刀将面糊抹平,然后将瓦片模取去;把开心果仁排在饼胚表面装饰后入箱
焙烤	烤箱预热至 190℃,将饼胚置于烤箱中层,在 170℃下烤 25 分钟
注意事项	油粉混合搅匀加入蛋白和面粉后,搅拌要达到面团完全融合、无沙粒状态;模具规格形状可自由选择,咖啡风味亦可自由调节;开心果装饰要美观

9. 老婆饼

老婆饼加工技术见表 4-73。

表 4-73　老婆饼加工技术

工艺流程	技术要求
原料配方	①油皮材料:低筋面粉 200 克、猪油 60 克、白糖 40 克、水 100 克; ②油酥材料:低筋面粉 120 克、猪油 60 克; ③馅料材料:糯米粉 100 克、白糖 100 克、水 150 克、色拉油 40 克,熟芝麻适量; ④表面材料:蛋黄液 20 克

续表 4-73

工艺流程	技 术 要 求
饼胚制作	将馅料中的糖、水、色拉油放锅中,小火煮到水开糖化关火,加入糯米粉和芝麻,用铲子拌匀后摊平,放冰箱内冷冻 30 分钟;油皮、油酥中所有原料混合分别制成油皮面团和油酥面团,用塑料袋盖上松弛15 分钟;再将油皮、油酥面团切割成几等份,将油皮压平,放入油酥包起来,把包入油酥的油皮接口朝上放置,用擀面杖擀成长椭圆形,再将面皮卷起,约卷一圈半,再一次擀成长椭圆形,卷约 2 圈半,松弛 15 分钟以上;松弛好的面皮用擀面杖轻轻压平、擀开呈圆形,包入馅料;再将面皮捏紧、翻面,用擀面杖擀成圆扁平状;饼收口朝下,表面刷上蛋黄液;用小刀在饼上划出口子,再刷上一层蛋黄液;将饼胚摆入烤盘内准备入烤箱焙烤
焙烤	烤箱预热至 200℃,将烤盘置于烤箱中层,在 180℃下烤 10 分钟

10. 香酥芝士球

香酥芝士球加工技术见表 4-74。

表 4-74　香酥芝士球加工技术

工艺流程	技 术 要 求
原料配方	黄油 50 克、糖粉 35 克、盐 1/8 小匙、低筋面粉 85 克、卡夫芝士粉 25 克

续表 4-74

工艺流程	技术要求
球胚制作	黄油软化后用电动打蛋器低速搅散,加入糖粉、盐手动拌匀,再将电动打蛋器转至中速将黄油打膨胀;加入芝士粉和过筛低筋面粉,用橡皮刮刀拌匀;拌好的面糊用双手抓捏成面团,再将面团捏成长条,均分成17等份;将分割的面团搓成圆球形,表面蘸上少许芝士粉装饰;将芝士球坯放在铺有硅胶垫的烤盘上,中间预留少许空隙,即可入烤箱焙烤
焙烤	烤箱预热至180℃,将烤盘置于烤箱中层,在160℃下烤15分钟,再移至上层,在170℃下烤10分钟
注意事项	在整形成条时,要以抓捏的方式,不要用力搓揉,以免面团松散;球形饼干中心部位不易烤熟,在达到烘烤时间后,可以关闭烤箱,利用余温彻底焖熟

香酥芝士球加工主要环节如图 4-19 所示。

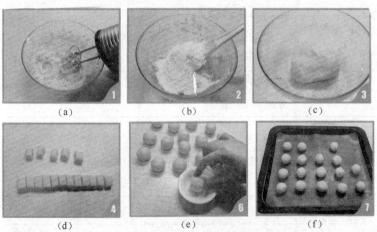

图 4-19　香酥芝士球加工主要环节

(a)黄油打发　(b)粉料搅拌　(c)面糊制团　(d)面条切割　(e)搓球蘸芝士粉　(f)入箱烤制

11. 巧克力水晶球

巧克力水晶球加工技术见表 4-75。

表 4-75　巧克力水晶球加工技术

工艺流程	技术要求
原料配方	低筋面粉 75 克,杏仁粉 30 克,可可粉 30 克,奶粉 15 克,苏打粉 1 克,黄油 45 克,糖粉 40 克,鸡蛋 1 个,葡萄干、朗姆酒、粗砂糖适量
球胚制作	葡萄干泡在朗姆酒里备用,黄油在室温下软化后和糖粉混合,用打蛋器将其搅拌均匀,分次加入鸡蛋液并拌至完全融合;筛入可可粉、奶粉、苏打粉和低筋面料制成团;将面团放在台面上,加入杏仁粉,揉匀后分成每个为 5 克的小面团;每个小面团里包入一粒葡萄干,搓成圆球形;将小圆球放在装有粗砂糖的碗里翻滚一下,蘸上砂糖即可取出;然后将小圆球放在铺有高温油布的烤盘上准备烤制
焙烤	烤箱预热至 170℃,置于中层 150℃下烤 15～20 分钟
注意事项	黄油应先在室温下软化至手按有指痕出现时方可加糖搅匀

12. 椰丝雪白球

椰丝雪白球加工技术见表 4-76。

表 4-76　椰丝雪白球加工技术

工艺流程	技术要求
原料配方	蛋白 3 个、糖粉 250 克、椰子粉 600 克、黑芝麻 50 克、盐 2 克、香草精 5 克

续表 4-76

工艺流程	技术要求
球胚制作	将蛋白用打蛋器慢速打至略起泡,接着分批加入糖粉,打至硬性发泡;再加入盐和香草精混匀,然后加入椰子粉拌匀成团;将面捏成小球状,蘸上黑芝麻置于烤盘上,小球之间的间距为 3～4 厘米
焙烤	烤箱预热至 200℃,将烤盘置于烤箱中层,在 180℃下烤至白中微带黄色即可出炉
注意事项	蛋白打发应按规程操作,电动打蛋器功率以 250W 为宜,若功率太小不易打发至起泡状;椰子团捏成的小球要大小一致;黑芝麻滚皮要匀才美观

椰丝雪白球如图 4-20 所示。

图 4-20　椰丝雪白球

13. 花生椰子球

花生椰子球加工技术见表 4-77。

表 4-77　花生椰子球加工技术

工艺流程	技术要求
原料配方	白奶油 100 克、糖粉 100 克、蛋白 50 克、鲜奶 40 克、椰蓉 280 克、奶粉 30 克、花生碎 80 克、黑芝麻 30 克
球胚制作	将白奶油、糖粉混合搅拌均匀,分次加入蛋白、鲜奶,边加入边拌均匀;加入椰蓉、奶粉继续搅拌均匀,再加入花生碎、黑芝麻;搓成圆球状,放入烤盘,入箱
焙烤	烤箱预热至 170℃,将烤盘置于下层,在 120℃下烤至白中略带微黄色即熟
注意事项	白奶油与糖粉混搅要打发至现光亮液态,蛋白与鲜奶两者均为液态混合,要打发至完全融合;球胚加入花生碎、黑芝麻后搓匀

14. 杏仁可挞

杏仁可挞加工技术见表 4-78。

表 4-78　杏仁可挞加工技术

工艺流程	技术要求
原料配方	蛋白 182.5 克、糖 56 克、糖粉 112.5 克、杏仁粉 112 克、低筋面粉 75 克、无盐奶油 25 克、巧克力 75 克,杏仁粒适量
挞胚制作	先把无盐奶油和巧克力加热、混合拌匀待用;把蛋白快速搅打至湿性发泡,加入糖快速拌打至干性发泡;倒入杏仁粉和低筋面粉;再加入无盐奶油和巧克力,用手压匀;把面糊装进带有用圆花嘴的装裱袋内,然后挤到高温布上,表面放上杏仁粒、筛上糖粉即可烘烤
焙烤	烤箱预热至 180℃,将挞胚置于烤箱中层,在 160℃下烤 20 分钟

杏仁可挞如图 4-21 所示。

图 4-21　杏仁可挞

15. 葡式蛋挞

葡式蛋挞加工技术见表 4-79。

表 4-79　葡式蛋挞加工技术

工艺流程	技术要求
原料配方	①酥皮原料:低筋面粉 220 克、高筋面粉 30 克、黄油 40 克、糖 20 克、盐 1.5 克、水 125 克、酥片油 180 克; ②蛋挞液原料:淡奶油 25 克、牛奶 75 克、炼乳 25 克、糖 25 克、全蛋 75 克,黄桃粒少许
挞胚制作	将酥片油在室温下软化后包在保鲜膜里,用擀面杖均匀地压成长方形薄片冷藏备用,将酥皮原料中的其他材料混合揉成面团,将面团滚圆包上保鲜膜放冰箱冷藏松弛 30 分钟;取出面团擀成长方形(大小要以能包裹住酥片油为度),包入油片,收口收紧,擀成长方形,再进行 3 等分折起,包上保鲜膜冷冻 20～30 分钟后,将面皮擀成 0.3 厘米厚的饼,卷起分切成每个 18 克左右的小剂,蘸上面粉放在模具里,从中间向两边按压呈模具形状,边口高出模具约 0.5 厘米,制成挞皮;将蛋挞液全部原料混合,在 55℃以下搅拌均匀;挞皮中放上黄桃粒,倒上 7 分满的挞液就可以烤制

续表 4-79

工艺流程	技术要求
焙烤	烤箱预热至220℃,将挞胚置于烤箱中层,上下火200℃烤15~20分钟即可

葡式蛋挞加工主要环节如图 4-22 所示。

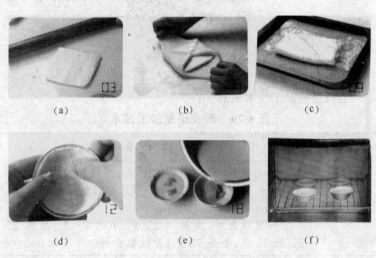

(a)　　　　　　　　(b)　　　　　　　　(c)

(d)　　　　　　　　(e)　　　　　　　　(f)

图 4-22　葡式蛋挞加工主要环节

(a)酥皮面胚　(b)包裹油块　(c)擀成挞胚

(d)按压成形　(e)放上桃粒　(f)入箱烤制

16. 蛋卷

蛋卷加工技术见表 4-80。

表 4-80　蛋卷加工技术

工艺流程	技术要求
原料配方	无盐黄油25克、砂糖60克、蛋白50克、鲜奶油60毫升、低筋面粉60克

续表 4-80

工艺流程	技 术 要 求
卷胚制作	将无盐黄油于室温下软化,低筋面粉过筛,盆中放入无盐黄油,用打发器搅拌至呈膏状;加入砂糖搅拌至发白,再加入蛋白、鲜奶油充分搅拌;然后加入低筋面粉搅拌均匀,置于冰箱里松弛 30 分钟;将面糊适量倒入烤焙油纸上,延展成直径 12 厘米、厚 2~3 厘米的面皮,也可根据自己的口味,在面糊中加入绿茶粉以及各种果汁等
焙烤	烤箱预热至 180℃,将卷胚置于中层,在 160℃ 下烤 10 分钟,趁热卷起即可
注意事项	饼皮烤后会立刻变硬,因此须趁热迅速缠卷成形;面糊辅平时的直径和厚度要达标,这样蛋卷层次分明,形态美观

17. 奶扎汀

奶扎汀加工技术见表 4-81。

表 4-81　奶扎汀加工技术

工艺流程	技 术 要 求
原料配方	蜂蜜 40 克、砂糖 80 克、鲜奶油 50 克、杏仁片 60 克、无盐奶油 60 克
汀胚制作	锅内放入蜂蜜、砂糖、鲜奶油加热呈焦糖状;将杏仁片充分和焦糖拌和后离火,加入无盐奶油;将焦糖杏仁片倒入防粘烤盘纸上,摊开准备烤制
焙烤	烤箱预热至 190℃,将烤盘置于烤箱中层,在 170℃ 下烤 20~25 分钟,取出稍稍冷却,用手摊成适当的尺寸,压平即可

奶扎汀如图 4-23 所示。

图 4-23　奶扎汀

第五章 蔬菜瓜果焙烤加工

一、蔬菜焙烤加工方式与设备

蔬菜焙烤加工是以蔬菜鲜品为原料、通过切分、护色处理后进行机械干燥烤制制成干制品的一种方法。其干品在食用前须将其浸水复原，复原后可较好地保留鲜菜原有的色泽、风味和营养成分。蔬菜焙烤加工特点是设备可简可繁，生产技术较易掌握，成本比较低廉，可以就地取材，就地加工，产品容易贮藏，利于常年应市，且体积小、质量轻，便于运输、携带。

常用蔬菜焙烤设备有 RF 节能烘干机、柜式烤干机和农村适用的烤干房。RF 节能烘干机结构如图 5-1 所示，柜式烤干机如图 5-2 所示，烤干房如图 5-3 所示。

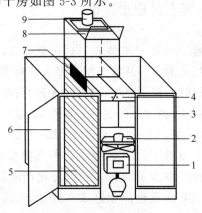

图 5-1　RF 节能烘干机结构

1. 热交换器　2. 排风扇　3. 活动进风口　4. 上进风口手柄
5. 热风口　6. 门　7. 回风口　8. 进风口　9. 烟囱

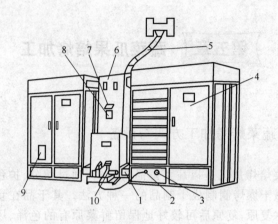

图 5-2 柜式烤干机

1.风道 2.温度调节器 3.温度计 4.干燥箱 5.烟囱
6.风门开关 7.鼓风机 8.起动器 9.观察窗 10.燃烧器

二、蔬菜焙烤制品质量标准

(1)感官指标 外观要求整齐、均匀、无碎屑,各种形态产品的规格均匀一致,无黏结。片状干制品要求片形完整、片厚均匀,干片稍有卷曲或皱缩,但不能严重卷曲,无碎片;块状干制品要求大小均匀、形状规则;粉状产品要求粉体细腻、粒径均匀、不黏结,无杂质;产品一般 3～10 分钟内即可复鲜,复水比为 1:(3.5～10.5),复鲜度为 90% 以上。野菜类要求 95℃ 热水浸泡 2 分钟,基本恢复脱水前状态(粉状、粒状产品除外),无杂质、霉变;色泽应与原有蔬菜色泽相近或一致;风味具有原有蔬菜的气味和滋味,无异味。

(2)理化指标 脱水菜水分含量降至 4%～13%,粉状脱水蔬

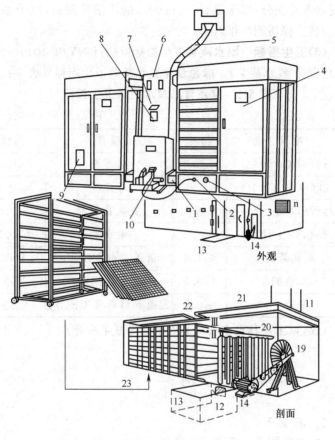

图 5-3　烤干房

1.风道　2.温度调节器　3.温度计　4.干燥箱　5.烟囱　6.风门开关

7.鼓风机　8.起动器　9.观察窗　10.燃烧器

11.烟囱　12.烧火口　13.烧火坑　14.电动机　15.机房门

16.进料门　17.测温窗　18.进风口　19.电风扇

20.散热管　21.隔板　22.通风窗　23.烤架与筛片

菜的含水量≤6.0%（质量分数），其他脱水蔬菜的含水量≤8%（质量分数），每批样品中感官要求总不合格品率不超过5%，叶菜

类脱水菜总灰分(以干基计)≤6.0％,酸不溶性灰粉(以干基计)
≤1.5％。保质期半年以上。

(3)卫生指标 脱水蔬菜卫生指标应执行 NY/T 1045—2014
《绿色食品 脱水蔬菜》。绿色食品脱水蔬菜卫生指标见表 5-1。

表 5-1 绿色食品脱水蔬菜卫生指标

(单位:毫克/千克)

项目	指标	项目	指标
镉(以 Cd 计)	≤0.3	腐霉剂	≤0.6
汞(以 Hg 计)	≤0.07	毒死蜱	≤0.3
总砷(以 As 计)	≤3.5	氯氟氰菊酯	≤0.6
铬(以 Cr 计)	≤3.5	吡虫啉	≤0.7
氯氰菊酯	≤1.4	菌落总数 CFU/g	≤100000
三唑酮	≤0.3	大肠菌群 MPN/g	≤3
多菌灵	≤0.7	霉菌和酵母菌 CFU/g	≤500

(注:以上指标脱水大蒜和脱水薯类蔬菜除外)

三、蔬菜焙烤加工实例

1. 薇菜干

(1)加工技术 薇菜干焙烤加工技术见表 5-2。

表 5-2 薇菜干焙烤加工技术

工艺流程	技术要求
原料整理	采集的薇菜运至加工厂后,须及时进行整理,除掉毛顶,即去掉头部卷缩处的灰白色绒毛。除毛时不可摘断嫩芽基顶部卷曲部分

续表 5-2

工艺流程	技 术 要 求
热烫冷却	去毛后,为避免鲜嫩薇菜发蔫,在采集后 10 小时之内要进行热烫。锅中注入清水,烧开达到 98℃～100℃,将薇菜放到锅中均匀搅拌 3 分钟左右,捞出 1 根薇菜进行检验,若从根部中心直往下能够直接扯开,便证明已熟,应及时捞出,放入凉水中冷却,再摊撒在晒席上晾晒
揉搓晾晒	一般在日光较强的上午 9～11 点须晾晒 2～3 小时,薇菜就会全部发红,这时可对薇菜进行揉搓,揉搓力度要轻。揉搓后须继续晾晒 20～30 分钟,再揉几下,反复晒,反复揉,直至薇菜渐渐发软。发软后要逐渐加力,并延长揉搓时间,以手掌能感觉出薇菜出现湿气为止,再摊开撒在晒席上备烤
焙烤复揉	烤房预热至 35℃,薇菜进入烤房后温度逐步升到 50℃焙烤 3 小时,取出再进行揉搓,然后再进房焙烤至含水量达 10％即可

　　(2)产品分级　将晒干后的薇菜前端弯勾,基部粗硬部分剪掉,然后依长短、粗细、颜色和透明度进行分级:一级长 15 厘米左右,较粗、透明带紫色;二级长 15 厘米左右,较粗、较透明带灰褐色;三级长 15 厘米以下,较细、不透明,呈深紫或灰褐色。

　　2. 黄花菜干

　　黄花菜又名金针菜,我国湖南、浙江、四川、湖北、江苏、甘肃、陕西七个省为主产区。黄花菜干焙烤加工技术见表 5-3。

表 5-3　黄花菜干焙烤加工技术

工艺流程	技术要求
采摘	采摘时间为中午 12 时开始采至下午 4 时左右结束,选取色呈黄绿、体态饱满、花瓣上纵沟明显、尖嘴处似开不开的花蕾
蒸制	采回后将已开放的花蕾拣出另蒸。上蒸床时,床内先铺一层干净的细纱布,然后将鲜花堆放在蒸笼内,一般铺厚 10 厘米,四边高中间稍低;蒸架离铁锅水面 7 厘米左右;先把水烧开,再放上蒸床,使蒸笼的蒸汽均匀上升;水开后连续烧8～10 分钟,先用猛火蒸 5～6 分钟,后用小火烧 3～4 分钟;蒸制到黄花凹下 1/3,花蕾表面布满小水珠、颜色由黄变淡黄色,用手捏住柄部花蕾稍向下垂,取出晾晒
晾晒揉制	晾晒黄花菜过程中要揉 2～3 次。一般在摊晒后第二天早上回潮揉制,每次 10～15 分钟,作用是压出内部水分,使内部香脂适当外溢,增加油性、光泽和香味
焙烤复揉	烤房内的炭要用草木灰覆盖,以保持低温焖烤。温度从 35℃起烤,逐步上升 50℃,每隔 5～10 分钟翻动一次,并揉制,上下对翻,防止烧焦;翻动 2～3 次,花蕾变软后可取出摊晾。一般 3.5～4 千克鲜花,可烤晒成 0.5 千克干货

黄花菜干品如图 5-4 所示。

图 5-4　黄花菜干品

3. 胡萝卜干

胡萝卜干焙烤加工技术见表 5-4。

表 5-4　胡萝卜干焙烤加工技术

工艺流程	技术要求
原料选择	选品质优良,成熟适度,组织鲜嫩,呈橘红色,味甜,无霉烂、发芽、损伤,未经浸水的新鲜胡萝卜
清洗切块	用清水将原料表面洗净沥干,去表皮,切除蒂部和青色的尾稍,然后用利刀将原料切成长宽高均为 1 厘米的正方块
预煮处理	将胡萝卜块投入沸水中煮 3 分钟,取出用冷水冲淋或浸泡冷却;将半成品摊在竹架上,每平方米摊放 4 千克为宜,厚薄要均匀,沥干水分,并剔除不合格的萝卜粒和杂质等
控温焙烤	烤干是胡萝卜干加工的关键,应掌握好温度,烤前温度控制在 85℃,萝卜粒入烤房后烤房温度控制在 80℃,焙烤 5.5 小时,即可得到含水率达 8% 的成品

续表 5-4

工艺流程	技术要求
分级包装	剔除成品中的杂质、焦粒、变色和潮湿粒,按大小、色泽、形状、分级包装。包装时,要保证产品质量和清洁卫生,并控制好时间,以免吸湿回潮

4. 洋葱片

洋葱片焙烤加工技术见表 5-5。

表 5-5　洋葱片焙烤加工技术

工艺流程	技术要求
原料选择	加工成洋葱片的原料应选用中等或大个的鳞茎洋葱,要求葱头老熟,结构紧密,颈部细小,肉质呈白色或淡黄色,辛辣味足,无青皮或少青皮,干物质不低于 14%
整理切分	去除附在鳞茎上的泥块,剥除不可食用的老皮、茎尖和根部。茎尖切除 0.5~1 厘米,根部须根全部切除,然后切成片状或条状。目前生产上主要利用人工进行十字形切分,即上一刀,下一刀,但注意不要切断
浸液护色	清洗干净的洋葱片用 0.2% 的食盐溶液浸渍约 2~3 分钟后捞出沥干
控温焙烤	生产中常采用隧道式烤房、立式烤房和烤干机进行焙烤,焙烤时将洋葱片均匀摊入烤筛中;烤房温度控制在 55℃~60℃,烤至含水量达 4.5% 左右即迅速出炉,拣出湿片回烤

续表 5-5

工艺流程	技 术 要 求
冷却处理	待产品冷却后立即放于密闭的容器内,使水分趋于平衡,含水量一致。选择清洁干燥、凉爽的场所进行人工挑选,除去焦褐片、老皮、杂质和变色的次品,再进行检验和包装。将洋葱片装入内衬塑料薄膜袋的纸板箱内,每箱可装 20 千克左右

5. 干姜片

干姜片焙烤加工技术见表 5-6。

表 5-6　干姜片焙烤加工技术

工艺流程	技 术 要 求
原料选择	选择新鲜、色泽鲜艳、肉质厚、组织致密、粗纤维、废弃物少、形状、大小一致、无腐烂或严重损伤的生姜为原料
清理去皮	加工前须去除根和嫩芽,清除附着的泥沙、杂质和微生物污染的组织,然后去皮。去皮有利于物料的水分蒸发和脱水干燥。去皮的方法有手工去皮、机械去皮等
切分漂烫	将原料切成 2～3 毫米厚的薄片。切片时还须用水不断冲洗所流出的胶质汁液,防止原料氧化褐变;采用蒸汽或沸水漂烫,时间通常为 2～5 分钟。漂烫后应迅速漂洗冷却,以防物料软化变形,失去弹性和光泽

续表 5-6

工艺流程	技　术　要　求
机械脱水	脱水姜片通常用隧道式热风干制机进行脱水干燥。将处理后的物料平铺于烤筛上。筛孔选择 6 毫米×6 毫米方形为宜,每只烤筛铺料为 2～5 千克。将铺好物料的烤筛装入载料烤车架上,每车有 18～20 层,可放置 36～40 只烤筛。装烤车沿轨道推入烤房脱水干燥;每隔一定时间即从烤房进口处递增 1 架载料烤车,从出口处卸出 1 架已完成脱水的载料烤车,如此连续不断地进行脱水作业,提高工作效率。烤干房一般可容纳 8～9 架载料烤车,烤房温度通常控制在 60℃ 左右,以不超过 65℃ 为宜,经 6～8 个小时即可完成
平衡水分	由于姜片形状大小存在差异,铺的厚薄不匀,往往使产品的含水量略有差异,所以待产品稍稍冷却之后,应立即装入有盖、密闭的马口铁桶或套有塑料袋的箱中保存 1～2 昼夜,使干制品的水分互相转移,达到平衡
精选压块	筛去产品中的碎粒、碎片和杂质等,将其倒到拣台上,拣除不合格产品。精选操作要迅速,以防产品回潮。精选后的成品还须进行品质和水分检验,不合格者须复烤。脱水姜片呈蓬松状,体积大,不利于包装运输,所以有的须经过压缩。压块一般采用 $1.96×10^{6}$ 帕～$7.84×10^{6}$ 帕的压力,温度控制在 60℃～65℃,适当控制湿度

续表 5-6

工艺流程	技术要求
成品包装	用瓦楞纸箱包装,箱内套衬防潮铝箔袋或塑料袋,每箱净重 20 千克或 25 千克。产品包装后须贮藏在 10℃左右的低温库中。低温库必须干燥、凉爽、无异味、无虫害。贮藏期间要定期检查成品含水量及虫害情况

6. 百合干

百合干焙烤加工技术见表 5-7。

表 5-7　百合干焙烤加工技术

工艺流程	技术要求
原料选择	百合应在地上部分完全枯萎、地下部分充分成熟时采收,此时采收的鳞茎产量高、质量好、耐贮藏。选择无腐烂的鳞茎摊放于通风阴凉处晾干,切忌在阳光下暴晒,以免鳞片干枯变色,影响质量
鳞片剥离	在百合的鳞茎基部横切一刀,使其鳞片剥离。不同品种的百合由于质地不同,不能混在一起剥片;同一品种剥片时,还应按鳞片的位置,将剥下的外鳞片、中鳞片和芯片分别盛装,然后洗净沥干,分别泡片。如混在一起,泡片时因品种质地不同或生鳞片位置不同,老嫩不一,难以掌握泡片时间,影响加工质量
煮制泡片	将鳞片放沸水中浸泡 5～10 分钟,当鳞片边缘柔软,背面微裂时迅速捞起,置于清水中浸泡,去除黏液后再捞出。每锅沸水可连续泡片 2～3 次,如锅内水混浊时,须重新换水再煮制浸泡,否则会影响泡片的色泽

续表 5-7

工艺流程	技术要求
焙烤包装	焙烤一般采用不超过 60℃ 的恒温烤干,干制到含水量低于 8% 时即可出烤房,剔出有污点的鳞片后进行分级,按不同等级进行包装,装入 PE 塑料袋,再装入纸箱或其他包装箱。干燥后的鳞片以洁白而完整、大而肥厚者为佳,折干率约为 3∶1

百合干品如图 5-5 所示。

图 5-5　百合干品

7. 玉兰片

玉兰片以毛竹鲜笋为原料经过加工制成。玉兰片焙烤加工技术见表 5-8。

表 5-8　玉兰片焙烤加工技术

工艺流程	技术要求
原料选择	以毛竹的冬笋或清明前的春笋为原料,此时竹笋大多埋藏于地里,或是笋尖刚破土,因而笋身短,肉质厚嫩,而且加工的工艺比较讲究,所以经济价值较高。一般要求笋身长 20～30 厘米。剔除虫蛀、伤疤等残笋,削去头基部粗老的部分

续表 5-8

工艺流程	技　术　要　求
去箨	将选好的竹笋用刀从笋尖插入笋箨与笋肉相接处，左手握笋，右手持刀用力侧向按下，笋箨即全部脱掉，也可以从笋尖到基部，用刀斜切 4～5 刀，深达笋肉，再一手握住笋尖，一手捏住基部，反向扭转，笋箨即脱。以上两种脱箨法能使笋箨脱落平行，形成宝塔层的笋肉，外形美观
煮制	将笋肉装入木甑中，上锅加水，旺火使锅内温度保持 100℃，煮至笋肉呈半透明状并有笋香时取出；然后放入清水池中漂洗、冷却，同时剥去连在笋肉上的笋衣，修整基部，继续用清水漂洗干净
压榨	用常用压榨机或土制的杠杆式木制压榨机脱水。压榨前先将较大的笋对半切开，小笋保持整条，然后顺序平叠上机压榨；压时先轻后重，逐步加压，直至笋身压成扁形片状、水分榨干为止
焙烤	将压扁脱水后的笋片摊铺于竹帘上，置于阳光下排湿晾晒至表面不呈湿水状时，置于烤房内，在 50℃下烤 8～10 小时。每 100 千克笋肉可烤成玉兰片 5～6 千克

玉兰片如图 5-6 所示。

图 5-6　玉兰片

8. 马铃薯片

马铃薯片焙烤加工技术见表 5-9。

表 5-9　马铃薯片焙烤加工技术

工艺流程	技术要求
原料选择	应选择块茎大、表面光滑、表皮薄、芽眼浅而小、肉质呈白色或淡黄色、淀粉含量高、无发芽的马铃薯为原料
清洗去皮	将马铃薯倒入清水中洗净泥沙等杂质,然后人工去皮,或机械去皮,或碱液去皮;碱液处理一般用含 10% 的氢氧化钠沸水溶液浸泡 1～2 分钟,再摩擦去皮后用清水冲洗、沥干;去皮后的马铃薯应立即浸入 0.1% 的食盐水中,以防变色
切分护色	将去皮的马铃薯切成厚度一致的薄片,倒入清水中浸泡,不断翻搅,以除去部分淀粉等;马铃薯去皮切分后极易发生褐变,因此,切分后应立即将马铃薯放入 0.3% 的焦亚硫酸钠溶液中浸泡 30 分钟,或在 0.1% 的异抗坏血酸中烫漂 2 分钟,用清水冷却后捞出
控温干燥	烫漂后的马铃薯自然干制或人工烤制,目前常用的方法为烤房恒温干燥,烤制温度不得超过 60℃,待含水量降低到 7% 以下时,即可出烤房
成品包装	剔除变色和已形成硬壳的马铃薯成品,并按大小片分级包装,先用 PE 塑料袋包装,扎紧袋口;再用纸箱或其他包装箱包装;产品呈白色或淡黄色,半透明,质坚易碎,片状或块状

9. 蒜片

蒜片焙烤加工技术见表5-10。

表 5-10　蒜片焙烤加工技术

工艺流程	技术要求
原料验收	原料要求外观整齐、均匀,大小横径为3～5厘米,无霉变、虫害、杂物,具有大蒜特有的风味和色泽,无异味、变色
去蒂去皮	切除蒜蒂2.5～3.5毫米,采用机械去皮,一次去皮率在75%以上
漂洗精选	漂洗除去杂质,人工挑选除去黑色、褐变或腐烂的蒜瓣和未切尽蒜蒂的蒜瓣
切片沥水	依据产品要求将蒜瓣切成厚度均匀的蒜片,一般为1.5～1.8毫米,若蒜瓣含水量高,厚度可增至2～2.2毫米。采用离心式脱水机将蒜片沥水;沥水后将物料均匀排在料盘上,厚度为4～5厘米
脱水干燥	料盘放入烘干隧道内,在60℃～65℃脱水4～5小时;烤干过程应保持隧道内热风量与排湿量的稳定,控制烤干温度和时间,使蒜片含水量≤5%;烤干后的蒜片经冷却后,装入密封的袋内,保持1～2天,使干品内水分达到均衡
成品包装	对脱水后产品进行挑选,除去杂质和尺寸、色泽不达标产品;经挑选后再进行金属探测,除去夹杂在产品中的金属物质,达到国家食品卫生要求后便可包装;内包装一般用聚乙烯袋和复合薄膜袋,外包装要清洁、牢固、坚实,可采用纸箱内衬防潮纸包装

10. 干辣椒

干辣椒焙烤加工技术见表 5-11。

表 5-11　干辣椒焙烤加工技术

工艺流程	技术要求
选料清洗	选择肉质肥厚、组织致密、粗纤维少的新鲜饱满青辣椒为原料,去除果柄,用流水漂洗,清除附着的泥沙、杂质、农药和微生物污染等
切分热烫	将青辣椒切分成一定大小的片状、丁状或条状以便水分蒸发;热烫过程应保持锅中的水处于沸腾状态,下锅后要不断翻动,使其受热均匀;煮烫时间依据原料种类的不同而有所差异,以青辣椒略软为宜,如煮烫过度,养分损失大,且复水能力下降
冷却冲洗	煮烫好的青辣椒出锅后,应立即放入冷水中冷却,并不断加入新的冷水,待盆中水温与加入水的温度基本一致时捞出,沥干水分后便可入房焙烤
脱水烤干	将煮烫晾好的青辣椒均匀地摊在烤盘里,然后放在事先设好的烤架上,温度控制在 32℃～42℃ 进行干燥,每隔 30 分钟检查烤房温度,同时不断翻动烤盘里的青辣椒以加快干燥速度,发现温度不当应及时调整,一般经过 11～16 小时、当青辣椒体内水分含量降至 20% 左右时,可在青辣椒表面上均匀地喷洒 0.1% 的山梨酸或碳酸氢钠等防腐防霉保鲜剂,喷完后将烤房封闭;烤干的青辣椒须放入构造严密的木柜(箱)中密封 10 小时左右,使干制的青辣椒含水量保持均匀一致

续表 5-11

工艺流程	技术要求
精选包装	去除产品中的碎粒、碎片、杂质和不合格产品后进行包装,成品用瓦楞纸箱包装,箱内衬塑料袋密封,每500克为一小袋,50千克为一大包

干辣椒如图 5-7 所示。

图 5-7　干辣椒

11. 金瓜干

(1)加工技术　金瓜干焙烤加工技术见表 5-12。

表 5-12　金瓜干焙烤加工技术

工艺流程	技术要求
清洗护色	将原料清洗后切丝,入锅蒸煮,瓜丝用 2% 食盐溶液浸泡15～20分钟,捞出在中速离心机中甩水
打团速冻	控水后的金瓜按 150 克质量打成一团进行排料装盘;以低于金瓜丝共晶点(-24℃～-23℃)温度为冻结温度,冻结 1～2 小时,使金瓜丝彻底冻透

续表 5-12

工艺流程	技 术 要 求
真空干燥	把冻结好的金瓜丝迅速放入准备好的冻干机中抽真空;干燥舱真空度在 90 帕以下,达到压力后按设定的加热曲线加热:100℃(3 小时)→90℃(2.5 小时)→80℃(2.5 小时)→70℃(3 小时)→55℃(2 小时),整个冻干周期为 13~14 小时
成品包装	冻干结束后取出料盘,将合格的金瓜丝团立即装入铝箔袋,然后抽气充氮,密封包装,避光贮藏。由于冻干金瓜丝吸湿性较强,所以包装环境应保持干燥

(2)产品标准

①感官指标。产品呈自然丝状,色泽黄色,具有良好的复水性。

②理化指标。含水量≤8%,砷(以 As 计)≤0.5 毫克/千克,铅(以 Pb 计)≤0.2 毫克/千克,镉(以 Cd 计)≤0.05 毫克/千克,汞(以 Hg 计)≤0.01 毫克/千克。

③微生物指标。不得检出致病菌。

12. 南瓜脯

南瓜脯焙烤加工技术见表 5-13。

表 5-13 南瓜脯焙烤加工技术

工艺流程	技 术 要 求
原料洗切	选择肉质厚、纤维少、含糖量高、色泽金黄、无腐烂坏斑的南瓜为原料,用清水洗净,削去外皮,挖出瓜瓤,切成长 3~4 厘米、宽厚各 1 厘米的瓜条

续表 5-13

工艺流程	技 术 要 求
护色处理	将切好的南瓜条放入 2% 的食盐溶液中进行护色处理,然后捞出,放入 4% 的石灰浆水浸泡 4~6 小时,再用清水冲洗并浸泡 2~4 小时,取出沥干水分
热烫煮制	将南瓜条放沸水中煮沸 3 分钟,以除去石灰味,切忌煮绵;煮后的瓜条用冷开水冷却后,按瓜条重 40% 的比例加入白糖拌匀,上部用糖盖上,经 24 小时后取出
糖液浸泡	将预先配制好的浓度为 40% 的糖渍液倒入锅中,加入 1% 的蜂蜜、0.3% 的柠檬酸,煮沸后将南瓜条倒入,再煮沸 30 分钟;然后停火,用此糖液浸泡瓜条 8~10 小时,再将糖液吸出,浓缩至浓度为 55%,将瓜条倒入,煮沸到瓜条呈半透明状,用此糖液再浸泡 24 小时
控温烤干	将浸泡好的南瓜条取出沥干,置于 70℃~75℃ 下烤干,至南瓜条不黏手、含水量达 20% 左右,即为成品南瓜脯
回软包装	烤干后将南瓜条装入密封的容器中回软,使其水分平衡一致,时间一般为 24 小时以上,最后包装即可上市

13. 黄瓜脯

黄瓜脯焙烤加工技术见表 5-14。

14. 冬瓜脯

冬瓜脯焙烤加工技术见表 5-15。

表 5-14　黄瓜脯焙烤加工技术

工艺流程	技术要求
选料整理	选择幼嫩、横径为 3.5 厘米以上的青色黄瓜为原料;黄瓜洗净后横切成长 4 厘米的短段,用口径 1.5～2 厘米的圆形通心器捅去瓜心;再把瓜段周围纵划若干条纹,其深度为瓜肉的 1/2,制成瓜胚
浸渍	将瓜胚投入 4‰的澄清石灰水中浸泡 6～8 小时,再移入 2‰的食盐溶液中浸渍 4 小时,取出沥干
糖液腌制	配制 45‰～50‰的糖液 50 千克,煮沸后放入瓜段 50～60 千克,浸渍 24 小时;捞出并向糖液中加入适量白糖,使浓度达 45‰～50‰,再次煮沸后把瓜段加入,浸渍 24 小时;如此反复几次,使糖液浓度达到 65‰～70‰,最后浸渍 2 天
焙烤成品	将黄瓜段压成扁块状,送入 60℃～70℃烤箱焙烤 12～16 小时,烤至用手摸不黏手,水分含量在 16‰～18‰时即可出烤房;干品色呈绿或半透明,有光泽,质地柔软,均匀一致

表 5-15　冬瓜脯焙烤加工技术

工艺流程	技术要求
选料	选用表面平整、个大肉厚、无腐烂、斑块、裂口或裂纹、成熟的冬瓜为原料
切条硬化	将冬瓜洗净,削去皮,除去瓜瓤和瓜子,切成厚 1.5 厘米、宽 1.5 厘米、长 5～6 厘米的瓜条;配制浓度 0.6‰的石灰水,将冬瓜条倒入浸泡 8～12 小时后取出,用清水漂洗 3～4 次,每次漂洗 1～2 小时

续表 5-15

工艺流程	技术要求
漂洗熟化	将漂洗干净的冬瓜条倒入预先煮沸的清水中煮 5～10 分钟,煮至冬瓜条呈透明状时为止;取出用清水漂洗 8～12 小时,每隔 3～4 小时换水 1 次
糖液腌制	将冬瓜条倒入浓度为 25% 的糖中搅匀、浸渍 12 小时后捞出;将糖液浓度提高至 35%～40%,再将瓜条倒入浸泡 12 小时捞出;如此反复几次,直至糖液浓度为 70%～75% 时为止
焙烤上粉	将冬瓜条沥干糖液,置于 60℃ 烤房内,烤 6～8 小时,不黏手时,再倒入盆中,撒上一层白糖粉;白糖用量占原料的 3% 左右;成品色白、味正、甜香可口

15. 甘草苦瓜脯

甘草苦瓜脯焙烤加工技术见表 5-16。

表 5-16 甘草苦瓜脯焙烤加工技术

工艺流程	技术要求
切杀浸漂	将苦瓜直剖两块,去掉两头蒂和籽,切成 4 厘米长的条;放入开水锅内烫一下随即捞出,放入冷水缸内冷却,浸漂 12 小时,中间换 1 次水,次日沥干
入缸盐渍	将苦瓜片入缸盐渍,每 100 千克加入食盐 2.5 千克,一层瓜片一层盐,最上层盐适当多一点;过 1～2 天,连盐水一起转缸 1 次,再过 1～2 天捞出榨干水分,晒成干,即成苦瓜干胚

续表 5-16

工艺流程	技术要求
配料卤制	缸内倒入沸水,每50千克苦瓜干胚放入中药材紫苏粉0.5千克、甘草粉1.5千克和糖精、食盐各50克;待水冷却后,加入辣椒酱7.5千克搅拌均匀,即成卤水;然后将苦瓜干胚放入木盆内,淋上卤水,拌匀,再把卤水倒出,将苦瓜胚卤制一夜
焙烤上粉	将卤制好的苦瓜条置于烤房内,以50℃～60℃焙烤4～6小时,近八成干时,将干辣椒粉250克、甘草粉400克、紫苏粉200克拌匀,撒在苦瓜条上揉擦均匀,即为成品

16. 胡萝卜脯

胡萝卜脯焙烤加工技术见表 5-17。

表 5-17　胡萝卜脯焙烤加工技术

工艺流程	技术要求
选料制胚	选个头整齐、红嫩心小的鲜胡萝卜为原料,将其用水洗净,用不锈钢刀刮除胡萝卜的薄表皮,洗净后,切成2厘米或5厘米长的圆柱形
预煮清漂	将切好的料胚倒入锅中煮15分钟,煮至呈半透明状态时,即可起锅,放入清水中漂洗
去芯切条	将预煮后的料胚用去芯器(用长25～30厘米的白铁皮,制成一头大、一头小、粗细约有胡萝卜芯相等大的筒形器具)去芯,也可用不锈钢刀将5厘米长的胡萝卜切开,去掉芯后切成1厘米宽的萝卜条

续表 5-17

工艺流程	技术要求
糖渍熟化	将去芯后的胡萝卜放入陶瓷或搪瓷缸中,加入浓度40%的糖液,浸渍48小时后,将料胚连同糖液下锅煮沸20分钟后,起锅继续糖渍1天后,将料胚连同糖液一起下锅,煮沸浓缩30分钟,待糖液温度达108℃时,起锅糖渍12~24小时即为半成品;将半成品连同糖液一起下锅,煮沸30~35分钟,待温度达到112℃时起锅
焙烤上粉	将浓缩熟化的胡萝卜脯置于50℃~60℃的烤房内,焙烤4~6小时,近八成干时,撒上糖粉;最后筛去多余的糖粉,用塑料袋包装密封即可

17. 佛手瓜脯

佛手瓜脯焙烤加工技术见表5-18。

表 5-18　佛手瓜脯焙烤加工技术

工艺流程	技术要求
原料处理	用软刷刷掉佛手表面的尘污,再将整个果实(或纵切为1/2)摊置在竹筛上晾晒2~3天,待果实失水肉质略变软时放入大盆中;然后在盆中分次加入10%原料重的盐,首次加盐量为盐的一半,第二次加盐量为剩余的1/2,边加盐边揉搓,使料胚充分接触食盐
入缸糖渍	将处理好的佛手瓜料装入干净的瓦缸内压实,缸面加少量食盐;2~3天后,从缸中取出晒软,晚上收入盆中,加入剩余的盐,揉搓后装入草袋或麻袋中,上压石块。首次加石块宜轻,使瓜汁缓缓渗出,不可重压,防止瓜肉破损,第二、第三次加压时,压力可再大些

续表 5-18

工艺流程	技术要求
焙烤整形	经过 2～3 天后,将瓜胚摊在竹筛上,置于烤房内,以 60℃焙烤 3～4 小时后出房;待软化略有弹性时,即可按形状和大小整形和分级
调味包装	按市场需要分别加入一些配料,如蒜、糖、酒、八角、茴香、五香粉、辣椒等,然后用卫生透明塑料袋小包装上市。成品瓜脯瓜形扁平完整,不破碎,呈蜡黄色,宛如佛掌,瓜面不湿,咸淡适宜,清甜爽脆,芳香可口

18. 茄子脯

茄子脯焙烤加工技术见表 5-19。

表 5-19　茄子脯焙烤加工技术

工艺流程	技术要求
原料处理	选择八九成熟、无斑疤、腐烂发霉、个大的茄子为原料,放入洗涤槽中,用流动清水清洗干净,捞出沥干水分;用不锈钢刀去除外皮和茄把,再将茄子纵切成厚 1.5～2 厘米、长 4～5 厘米的长条或菱形;放入 2％食盐溶液和 0.1％的柠檬酸溶液中浸泡 4～6 小时,渗出茄子中的苦水和涩味
预煮杀青	将浸泡好的茄块放入沸水中热烫处理,煮至八九成熟时捞出,放入凉水中冷却;捞出沥水再放入 3％浓度的盐液中浸泡 8～12 小时

续表 5-19

工艺流程	技术要求
配糖渍制	每50千克处理好的茄子条捞出沥水,加入30千克优质砂糖腌渍24小时后再加入10千克糖,腌渍24小时;然后将腌渍茄子的糖液滤出,放入锅中加热并加入适量的饴糖煮沸;放入茄子,煮5～8分钟,捞出沥净糖液后晒至半干,再将其放入加热至沸的原糖液中煮沸;最后将糖液、茄条移入缸中浸泡24～48小时
沥液焙烤	将糖煮浸泡后的茄条捞出,沥干糖液;然后均匀地摆入烤盘中,送入烤房内;在温度为60℃～70℃环境下烤12～18小时,当产品含水量降至8%～20%时,即用手摸表面不黏手时可出烤房;焙烤过程中要注意及时通风排潮,当烤房内相对湿度高于70%时,要及时通风排潮,一般应通风排湿3～5次,每次以15分钟左右为宜;因烤房内各部位温度不一致,特别是烟道加热的烤房中,各部位温度相差更大,因此,在焙烤过程中,还要注意调换烤盘位置,中前期和中后期倒盘1～2次
成品包装	出烤房的茄脯应放在25℃左右的室内回软24～36小时,然后进行检验和整形,去掉茄脯块上的杂质与碎渣,合格产品包装入库。产品要求呈乳黄或橙黄色,色度基本一致,浸糖饱满,块形完整,保持茄子应有的风味,甜度适宜,无异味,总糖量达68%～70%,含水量达18%～20%

19. 番茄脯

番茄脯焙烤加工技术见表 5-20。

表 5-20　番茄脯焙烤加工技术

工艺流程	技术要求
原料脱皮	挑选刚成熟转红、直径 2 厘米左右的中等大小的番茄为原料；挑出青果、病虫果和烂果，然后浸入沸水中 1～2 分钟取出，浸于冷水中，使番茄脱皮
硬化处理	配制 0.1% 石灰溶液浸泡脱皮后的番茄 6～8 小时，捞起洗净沥干水分备用
制液腌渍	按白糖与原料 0.75 : 1 的比例配制浓度为 40% 的糖液，再在糖液中加入 0.1%～0.2% 柠檬酸
分次透糖	将糖液煮沸，用 3 次透糖法浸渍原料，每次当糖液浓度下降时把糖液倒出加热浓缩，每次提高糖度 5%～6%，趁热加进原料中；这样反复操作，直到糖液浓度达到 60%～65% 可停止加热，继续浸渍 1～2 天，当原料逐渐收缩且呈透明状时，说明原料吸糖接近 60%，透糖便可停止
焙烤成品	将番茄胚料从糖液中捞起，置于 65℃下排风烤制，使其含水量达 25%～26% 时即可

20. 辣椒脯

辣椒脯焙烤加工技术见表 5-21。

表5-21　辣椒脯焙烤加工技术

工艺流程	技术要求
原料选择	选用八九成熟、无腐烂、虫害，个大、肉质肥厚，蒂头小的新鲜青椒为原料
清洗切片	用清水洗去泥沙和杂物后，去掉瓤、籽，纵切成两半，挖去瓤、籽，冲洗干净，将青椒切成长3厘米、宽2厘米左右的长方形片
护色硬化	用0.5%生石灰溶液浸泡2小时，目的是使其叶绿素在碱液作用下皂化为叶绿酸盐，从而固定叶绿素，以保持绿色；青椒中所含的果胶与碱液反应会生成果胶酸钙，从而达到青椒硬化的目的；最后用清水将青椒片漂洗沥干
热烫糖制	将青椒片投入煮沸的糖液中烫漂2分钟，糖渍的用糖量与青椒片量相等
烤干包装	将青椒片从糖液中捞出，沥干表面的糖液，摆放在烤盘上，送入烤箱中，烤温控制在55℃～60℃，烤至不黏手为止，含水量达20%左右；按脯形大小、饱满程度及色泽分选和修整后，装入抽真空的包装袋中

21. 香菇

(1)加工技术　香菇干制品占香菇总产量的80%。我国现有加工技术均采取机械脱水烤干流水线进行。香菇焙烤加工技术见表5-22。

表 5-22　香菇焙烤加工技术

工艺流程	技 术 要 求
原料选择	香菇要求在八成熟时采收,采收时,不可把鲜菇乱放,以免破坏朵形外观,同时鲜菇不能久置于 24℃ 以上的环境中,这样会引起酶促褐变,造成菇褶色泽由白变浅黄或深灰甚至变黑;不可选用泡水的鲜菇为原料;根据市场需求分类整理为 3 种规格:菇柄全剪、菇柄半剪(即菇柄近菇盖半径)、带柄修脚
装筛进房	把鲜菇按大小、厚薄分级,摊排于竹制烘筛上,菌褶向上,均匀排布,然后逐筛装进筛架上,装满架后,筛架通过轨道推进烘干房内;若是小型的脱水机,则只要把整理好的鲜菇摊排于烘筛上,逐筛装进机内的分层架上,闭门即可;烘筛进房时,应把大的、湿的鲜菇排放于架中层,小菇、薄菇排于上层,质差的或菇柄排于底层
焙烤	香菇开始烤的温度应以 35℃ 为宜,通常鲜菇进烤房前应先开动脱水机,使热源输入烤干房内,这样鲜菇进入 35℃ 的烘房,其菇盖卷边自然向内收缩,加大卷边比例,且菇褶色泽会呈蛋黄色,品质好;烤干房内温度逐渐升到 60℃ 左右结束,最高不超过 65℃,升温必须缓慢,如若过快,易造成菇体表面结壳,影响水分蒸发
排湿通风	香菇脱水时水分大量蒸发,要注意通风排湿,当烤干房内相对湿度达 70% 时,就应开始通风排湿,干燥天和雨天气候不同,鲜菇进烤房后,要灵活掌握通气和排气口的关闭度,使排湿通风合理,这样才能保证烤干的产品色泽正常

(2)全程控制条件　香菇焙烤全程控制条件见表5-23。

表 5-23　香菇焙烤全程控制条件

时期	烤干时间/h	热风温度/℃	进排风控制	要求
初期	0～3	30～35	全开	含水量高的鲜菇初期温度要低,升温要慢
中期	4～8	45	关闭1/3	每小时升温不超5℃,6～8小时移动筛位
后期	8小时后	50～55	关闭1/2	10小时后合并烘筛,并移至上部
稳定期	最后1小时	58～60	关闭	全部干燥时间为8～13小时

(3)干品水分测定　经过脱水烤干后的成品要求含水率不超过13%。测定含水量的方法为感官测定,可用指甲顶压菇盖部位,若稍留指甲痕,说明干度已够;电热测定可称取菇样10克,置于105℃电烘箱内,烘干1.5小时后,再移入干燥器内冷却20分钟后称重,样品减轻的质量即为香菇含水分的质量。鲜菇脱水烘干后的实得率为10:1,即10千克鲜菇得1千克干品;不宜烘干过度,否则易烤焦或破碎,影响质量。

(4)产品标准　香菇干品要求按照现有国内外市场要求的规格质量进行分级。加工企业应设置现代化机械分级生产线,并进行手工分拣,剔除黏泥菇、烤焦菇、残缺菇。香菇干品如图5-8所示。

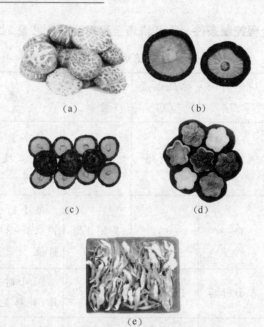

图 5-8　香菇干品

(a)花菇　(b)削足厚冬菇　(c)普通香菇

(d)人造梅花菇　(e)菇丝

①花菇干品感官指标见表 5-24。

表 5-24　花菇干品感官指标

项　　目	要　　求		
	一级	二级	三级
颜色	白色花纹明显，菌褶淡黄色	白色花纹明显，菌褶黄色	花纹茶色或棕褐色，菌褶深黄色
菌盖厚度/厘米　≥	0.5		0.3

续表 5-24

项　目		要　求		
		一级	二级	三级
形态		扁半球稍开展或伞形规整		扁半球形稍平展或伞形
开伞度/分	≤	6	7	8
菌盖直径/厘米	≥	4.0	2.5	2.0
残缺菇(%)	≤	1.0		3.0
碎菇体(%)	≤	0.5		1.0
褐色菌褶、虫孔菇、霉斑菇总量(%)	≤	1.0		3.0
杂质(%)	≤	0.2		0.5

②厚菇干品感官指标见表 5-25。

表 5-25　厚菇干品感官指标

项　目		要　求		
		一级	二级	三级
颜色		菌盖淡褐色或褐色		
		菌褶淡黄色	菌褶黄色	菌褶黄色
菌盖厚度/厘米	≥	0.5		0.4
形状		扁半球稍开展或伞形规整		扁半球形稍平展或伞形

续表 5-25

项 目		要　　求		
		一级	二级	三级
开伞度/分	≤	6	7	8
菌盖直径/厘米	≥	4.0	3.0	3.0
残缺菇(%)	≤	1.0	2.0	3.0
碎菇体(%)	≤	0.5	1.0	2.0
褐色菌褶、虫孔菇、霉斑菇总量(%)	≤	1.0	3.0	5.0
杂质(%)	≤	0.2	1.0	2.0

③薄菇干品感官指标见表 5-26。

表 5-26　薄菇干品感官指标

项 目		要　　求		
		一级	二级	三级
颜色		菌盖淡褐色或褐色		
		菌褶褐淡黄色	菌褶褐黄色	菌褶褐深黄色
菌盖厚度/厘米	≥	0.3		0.2
形状		近扁半球平展规整		近扁半球形平展
开伞度/分	≤	7	8	9
菌盖直径/厘米	≥	5.0	4.0	3.0
残缺菇(%)	≤	1.0	2.0	3.0

续表 5-26

项　目	要　求		
	一级	二级	三级
碎菇体(%)　　　≤	0.5	1.0	2.0
褐色菌褶、虫孔菇、霉斑菇总量(%)　≤	1.0	2.0	3.0
杂质(%)　　　　≤	1.0	1.0	2.0

④香菇干品理化指标见表 5-27。

表 5-27　香菇干品理化指标

项　目	要　求
水分/(%)	≤13
粗蛋白[以干重计/(%)]	≥20
粗纤维[以干重计/(%)]	≤8
灰分[以干重计/(%)]	≤8

22. 银耳

(1)原料要求　成熟银耳的标准是耳片全部伸展,表现为疏松状,生长停止,无小耳蕊;形似牡丹花或菊花,颜色鲜白或米黄,稍有弹性;子实体直径可达 10～15 厘米,鲜重 150～250 克,子实体成熟后,会散发出大量白色担孢子。

银耳采收强调"五必须",即必须选择晴天上午采收,必须整朵割下,必须挖去蒂头杂质,必须防止基内菌渣黏附在耳片上,必须轻采轻放。

(2)区分类别 市场货架上的银耳干品按其形态分为整朵银耳和小朵形或片状剪花银耳两类。整朵银耳又分为冰花银耳和干整银耳两种。冰花银耳是鲜耳削除耳基,经浸泡漂洗、物理增白、脱水干燥等工艺后,保留自然色泽、朵形疏松的商品;而干整银耳又称普通银耳,是鲜耳去掉耳基杂物、经浸洗脱水烘干制成。小朵形和片状银耳的商品名称为雪花银耳,是将鲜耳削除耳基、剪切成小朵形或连片状、经过清洗、晾晒、脱水干燥后,保持自然色泽、耳片疏松的商品。

(3)整朵银耳加工技术 整朵银耳焙烤加工技术见表5-28。

表5-28 整朵银耳焙烤加工技术

工艺流程	技术要求
削基浸洗	将采收后的银耳挖净残物,然后放入清水池中浸泡40～60分钟,泡洗的目的是清除黏附在耳片上的杂物,使耳片晶莹、透亮,同时让籽实体膨松、耳花舒展,加工后外观美,商品性状好
摊排上筛	将泡松洗净的银耳耳花朝上,一朵朵排放于烘干筛上;现有脱水机的烘干筛多用竹篾编织而成,筛长、宽分别为100厘米、80厘米,筛孔直径为1厘米;一般小型脱水机两旁的干燥箱内设12～15层,可排烘干筛24～30个,排放鲜耳量一次可排200～300千克,朵与朵之间不宜紧靠,以免烘干后互相粘连,影响朵形美观
入机排湿	将排筛的银耳置于机内干燥箱各层后,先打开脱水机上方所有排气窗,然后开动排风扇,加速气流循环,促使耳片水分散发

续表 5-28

工艺流程	技术要求
控制温度	银耳烤干的温度为直线和恒定的,即湿耳入机后要求在 4 小时内温度达到 50℃,并逐步上升到 60℃,直至耳片干燥;通常由 50℃起烤温度开始,直至干燥结束,时间需要 6~8 小时
轮换烤干	由于烤干机内受热程度不同,机内烤筛上、中、下层的银耳干燥程度也不一样,因此,当第一炉经过 5~6 小时脱水后,在下层约占整个烘干筛容量 1/3 已烤干,此时,应把下层部分烘干筛取出,把中、上层烘干筛逐层向下调整,随手把筛上银耳翻一面,让基部向上,以加快整朵干燥;同时把排好待烤的银耳逐筛装入上层架内,关门继续以 50℃~60℃再烤干 2 小时后,其底层部分银耳又已干燥,即可出机;依此顺序每 2 小时烤干一批,逐层干耳退、鲜耳进,轮换交替,把整批鲜耳烤干为止

　　银耳浸泡后的含水量超过 100%,烤干后其湿干比率为 10∶1,即 10 千克湿耳可烤干品 1 千克。

　　(4)雪花银耳加工技术　把整朵鲜银耳加工成小朵形或片状散花后,再脱水烤干制成干品,俗称剪花雪耳,又叫小花。

　　①加工技术。雪花银耳加工方法与整朵银耳加工方法不同,雪花银耳焙烤加工技术见表 5-29。

　　②产品标准。银耳干品标准执行国家农业部 2004 年 9 月 1 日发布实施的 NY/834—2004《银耳》标准。

　　③感官指标。片状银耳干品和朵形银耳干品的感官指标见表 5-30。

表 5-29　雪花银耳焙烤加工技术

工艺流程	技术要求
选耳修剪	要选择耳花疏松、片粗的,将选好的鲜耳挖去黄色硬质的耳基,用钢丝扎成一束,然后在耳基处稍插一下,整朵银耳就裂开成 5～6 小朵,若加工片状散花,则须剪片
清水洗净	将小朵银耳或片状散花置于清洗池内,用流动水浸泡洗净,除去黏附在耳片上的杂质
排筛上机	将朵形银耳摊排于烘干筛上,摊排厚薄要均匀;用纱布制成与烘干筛同规格的装耳袋,将片状散花装入袋内,铺平筛面封紧袋口
脱水烤干	小花或散花由于朵小,摊铺稀薄,因此,在脱水烘干时,温度应控制在 50℃～60℃,夏季 1 小时,冬季 1.5～2 小时即可干燥;干品出机方法同整朵银耳烘干,采取轮换交替的方法;小花的干湿比为 1∶13

表 5-30　片状银耳干品和朵形银耳干品的感官指标

项目	片状银耳			朵形银耳		
级别	特级	一级	二级	特级	一级	二级
形状	单片或连片疏松状,带少许耳基			呈自然圆朵形,耳片疏松,带有少许耳基		
色泽	耳片半透明有光泽			耳片半透明有光泽		
	白	较白	黄	白	较白	黄
气味	无异味或有微酸味			无异味或有微酸味		

续表 5-30

项目	片 状 银 耳			朵 形 银 耳		
级别	特级	一级	二级	特级	一级	二级
碎耳片（%）	≤0.5	≤1.0	≤2.0	≤0.5	≤1.0	≤2.0
拳耳（%）	0		≤0.5	0		≤0.5
一般杂质（%）	0		≤0.5	0		≤0.5
虫蛀耳	0		≤0.5	0		≤0.5
霉变耳	无			无		
有害杂质	无			无		

注：碎耳片指直径≤0.5毫米的银耳碎片（下同）

干整银耳的感官指标见表5-31。

表 5-31　干整银耳的感官指标

项目	特级	一级	二级
形状	呈自然近圆朵形，耳片较密实，带有耳基		
色泽	耳片半透明，耳基呈橙黄色、橙色或白色		
	乳白色	淡黄色	黄色
气味	无异味或微酸味		

续表 5-31

项　　目	特级	一级	二级
碎耳片（%）	≤1.0	≤2.0	≤4.0
一般杂质（%）	0	≤0.5	≤1.0
虫蛀耳（%）	0		≤0.5
霉变耳	无		
有害杂质	无		

④理化指标。银耳干品理化指标见表 5-32。

表 5-32　银耳干品理化指标

项　　目		特级	一级	二级
片状银耳	干湿比	1∶8.5	1∶8.0	1∶7.0
	朵片大小 ≥（长×宽）/(厘米×厘米)	3.5×1.5	30×1.2	2.0×1.0
朵形银耳	干湿比	1∶8.0	1∶7.5	1∶1.65
	直径/厘米 ≥	6.0	4.5	3.0
干整银耳	干湿比 ≥	1∶7.5	1∶7.0	1∶6.5
	直径/厘米 ≥	5.0	4.0	2.5
水　分(%) ≤		15.0		
粗蛋白(%) ≤		6.0		

续表 5-32

项 目		特级	一级	二级
粗纤维(%)	≤	5.0		
灰 分(%)	≤	8.0		

注:干湿比指干品泡发率。

⑤卫生指标。银耳干品卫生指标见表 5-33。

表 5-33　银耳干品卫生指标　（单位:毫克/千克）

项 目	指 标
砷(以 As 计)	≤1.0
汞(以 Hg 计)	≤0.2
铅(以 Pb 计)	≤2.0
镉(以 Cd 计)	≤1.0
氯氰菊酯	≤0.05
溴氰菊酯	≤0.01
亚硫酸盐(以 SO_2 计)	≤400

23. 姬松茸

(1)加工技术　姬松茸(又名巴西蘑菇)干品主要用于出口国外,脱水烤干要求严格。姬松茸焙烤加工技术见表 5-34。

表 5-34　姬松茸焙烤加工技术

工艺流程	技 术 要 求
排湿进房	将采收清洗的姬松茸放在通风处沥干水,或太阳下晾晒 2 小时,然后先将烘干机(房)预热至 50℃,待温度稍低,按菇体大小、干湿分级,均匀排放于烘干筛上,菌褶朝下,大菇、湿菇排放筛架中层,小菇、干菇排放于顶层,质差或畸形菇排放于底层

续表 5-34

工艺流程	技术要求
调温定型	晴天采收的鲜菇烘制的起始温度调控至 37℃～40℃,雨天则为 33℃～35℃;菇体受热后,表面水分大量蒸发,此时应全部打开进风口和排气窗排除蒸汽,给褶片定型,当温度自然下降至 26℃时保持 4 小时
菇体脱水	从 26℃开始,每 1 小时升高 2℃～3℃,直至达到 50℃,同时打开排气窗,使菇体脱水
整体干燥	温度达到 60℃后保持 6～8 小时;烤至八成干时应取出烘筛,将菇体晾晒 2 小时后再上机焙烤 2 小时;当手折菇柄易断并发出清脆响声时可停止烘烤;一般 8～9 千克鲜菇可加工成 1 千克干品

(2)产品标准 干品气味芳香,菌褶直立呈白色,整朵完整,无碎片,菌盖淡黄色无龟裂、无脱皮,干燥均匀,无开伞、变黑、霉变、畸形等现象。

24. 茶薪菇

(1)加工技术 茶薪菇(又名茶树菇)鲜品脱水烘干,每 11 千克鲜品可烤成干品 1 千克,晴天须加工 16 小时,雨天需加工 18～20小时。茶薪菇焙烤加工技术见表 5-35。

表 5-35　茶薪菇焙烤加工技术

工艺流程	技术要求
选料整理	鲜菇要求在八成熟时采收,采收时,不可把鲜菇乱放,以免破坏朵形外观;鲜菇不可久置于 24℃以上的环境中,以免发生酶促褐变;根据市场需求分类整理,在烘干前,为降低鲜菇含水量,可把鲜菇排于烘干筛上晾晒 4～5 小时,以手摸菇柄无湿润感为宜

续表 5-35

工艺流程	技 术 要 求
装筛进房	按鲜菇柄大小、长短分级,重叠于烘筛上,其叠菇的厚度应≤16厘米,一般每筛排放鲜菇 2～2.5 千克;将装好后的竹筛逐个装进筛架上,通过轨道推进烘干房内,把门紧闭;小型脱水机只需把整理好的鲜菇摊排于烘筛上,逐筛装进机内的分层架上即可;烘筛进房时,应把菇柄长、大、湿的鲜菇排放于中层,菇柄短小、薄的排于上层,质差的排于底层
焙烤温控	①始温:鲜菇含水量高,高温时组织汁液骤然膨胀易使细胞破裂,内容物流失,同时菇体中的水分和其他有机物遇高温易分解或焦化致菇褶变黑;干燥初期的温度也不能低于 30℃,因为起温过低,菇体内细胞继续活动,也会降低产品的等级,实践证明,茶薪菇开始烘温度以 40℃ 为宜;通常鲜菇进房前,先开动脱水机,使热源输入烘干房内,使鲜菇一进房,就处在 40℃ 下,有利于钝化过氧化物酶的活性,持续 1 小时以上,能较好保持鲜菇原有的形态; ②升温:温度不能升得过高或过快,温度过高,菇体中酶的活性迅速被破坏,影响香味物质的形成,温度上升过快,会影响干品质量;一般使用强制通风式的烘干机,干制温度可从 40℃ 开始逐渐上升到 60℃;使用自然通风式烘干机的,可从 35℃ 开始,逐渐上升至 60℃,升温速度要缓慢,一般以每小时升温 1℃～3℃ 为宜; ③终温:干制的最终温度也不能过高,如高于 73℃ 时,菇体的主要成分蛋白质将遭到破坏,同时在过高的温度下,菇体内的氨基酸与糖互相作用,会使菌褶呈焦褐色;温度也不能过低,若低于 60℃,则干品在贮藏期间易发生虫害,因为原潜存在菇体上的虫卵须在 60℃ 下持续 2 小时才能被灭除,所以干制的最终温度一般以不低于 60℃,烘干时间为 1～2 小时

续表 5-35

工艺流程	技术要求
排湿通风	鲜菇脱水时水分大量蒸发,要十分注意通风排湿,当烘干房内相对湿度达 70% 时,就应通风排湿;干燥季节和雨季不同,鲜菇进烘房后,要灵活开关通气和排气口,使排湿、通风合理
干度测定	经过脱水后的干品要求含水率≤13%,可用指甲顶压菇柄,若稍留指甲痕,说明干度已够,若一压即断说明太干;鲜菇脱水烘干后出品率为 10%,若加工前将鲜菇晾晒排湿 4~5 小时,其出品率为 14%;鲜菇脱水烘干时,不宜烘干过度,否则易烤焦或破碎,影响质量

(2)产品标准 茶薪菇产品标准可参照 2003 年 12 月 1 日福建省质量技术监督局发布的 DB35/T 522.5—2003《茶薪菇》执行。茶薪菇鲜、干品如图 5-9 所示。

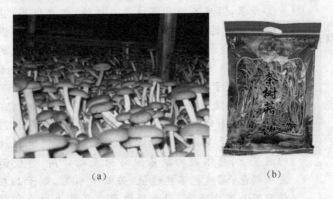

(a)   (b)

图 5-9 茶薪菇鲜、干品

(a)茶薪菇鲜品 (b)茶薪菇干品

①茶薪菇干品感官指标见表 5-36。

表 5-36　茶薪菇干品感官指标

项　目		指　标		
		特级	一级	二级
色泽	茶薪菇	菌盖呈浅土黄色或暗红褐色,菌柄呈灰白或浅棕色,色泽一致	菌盖呈浅土黄色或暗红褐色,菌柄呈灰白或浅棕色,色泽基本一致	菌盖呈浅土黄色或暗红褐色,菌柄呈灰白色或浅棕色,色泽较一致
	白茶薪菇	菌盖接近白色,菌柄接近白色,色泽一致	菌盖呈黄白色,菌柄呈黄白色,色泽基本一致	菌盖呈淡黄色,菌柄淡黄色,色泽较一致
气味		具有茶薪菇特有的香味,无异味		
菌盖直径/毫米		≤35	≤45	≤55
长度/毫米		≤110	≤140	≤170
形　状		菌盖平滑齐整呈铆钉状,菌膜完好,菌柄直,整丛菇体长度体形较一致	菌盖平滑齐整呈铆钉状,菌膜稍有破裂,菌柄稍弯曲,长度体形不要求一致	菌盖圆整,菌膜有破裂,菌柄稍弯曲,整丛菇体长度体形不太一致
碎菇(%)		≤5.0	≤8.0	≤10
附着物(%)		≤0.5	≤1.0	≤1.5

续表 5-36

项　目	指　标		
	特级	一级	二级
虫孔菇(%)	≤1.0	≤1.5	≤2.0
霉变菇	不允许		
异物	不允许有金属、玻璃、毛发、塑料等异物		

②茶薪菇干品理化指标见表 5-37。

表 5-37　茶薪菇干品理化指标

项　目	指　标(%)
水分	≤14
粗蛋白	≥12
粗纤维	≤15
灰分	≥7.5

25. 杏鲍菇干片

(1)加工技术　杏鲍菇干片焙烤加工技术见表 5-38。

表 5-38　杏鲍菇干片焙烤加工技术

工艺流程	技术要求
选料切片	选择菇体干净、色白、无斑、霉烂、无变质杏鲍菇为原料;用切片机或手工切成厚度为 0.4～0.45 厘米的片状

续表 5-38

工艺流程	技术要求
分别排筛	按菇片大小均匀地排于烘筛上
焙烤	鲜品含水量一般在 85% 左右,焙烤时,起始温度不低于 40℃,2 小时后升温至 50℃~60℃时,打开机内通风窗,将水分排出,然后继续焙烤,烤干时间一般为 6~8 小时
干燥检测	烤干后的菇片含水量达 13%
筛选分拣	菇片采用物理筛选,即将干菇片置于不同规格分级圈的振动筛上,筛出大小不同级别,去掉碎片和粉屑,手工拣出烧焦片或黏杂片,然后包装上市

(2)产品标准　杏鲍菇鲜品和干片如图 5-10 所示。

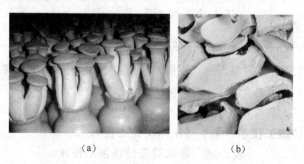

(a)　　　　　　　　　(b)

图 5-10　杏鲍菇鲜品和干片

(a)杏鲍菇鲜品　(b)杏鲍菇干片

杏鲍菇干片感官指标见表 5-39。

表 5-39　杏鲍菇干片感官指标

项目	指标		
	特级	一级	二级
色泽	菌柄呈白色或近白色,菌盖呈淡黄色或灰褐色		
气味	具有杏鲍菇特有的香味,无异味		
形状	薄片状,菇片边沿厚、中间薄		
菇片直径/厘米	≤0.3	≤0.3	<0.3
菇片宽×长度/(厘米×厘米)	4×12	3×10	2×6
碎菇(%)	无	无	无
附着物(%)	≤0.3	≤0.3	≤0.3
虫孔菇(%)	无	≤1.5	≤2.0
有害杂质	无		
异物	不允许混入虫菇、异种菇、活虫体、毛发及塑料、金属等异物		

(3)理化指标　含水量≤13%,粗蛋白≥30%,粗纤维≤13%,灰分≤9%。

26. 黑木耳压缩块

(1)加工技术　黑木耳压缩块加工技术见表 5-40。

表 5-40　黑木耳压缩块加工技术

工艺流程	技术要求
挑选洗净	选择干净、无霉变、虫蛀和烂耳的春耳或秋耳为原料,洗净后晾干

续表 5-40

工艺流程	技术要求
温水回潮	用 50℃～60℃ 的温水喷洒原料,并不断翻动使其受潮一致,通常含水量在 13% 以下的干黑木耳加水量为 10%～15%,加水后用塑料布盖严,12 小时后使用,这时的原料易于压缩成形又不会有碎片
加压成形	一般使用 PYOZ 型黑木耳压缩机加压成形。这种设备基本可以解决减压后黑木耳砖弹性变形问题;采用半自动化工艺方式生产黑木耳压块时,需 4 个人相互配合,一人称料,一人负责续料,将称完的物料投入压块漏斗中,第 3 个人负责压块操作。这类小型设备每次只能压出两块木耳砖,减压后由第 4 个人用塑料带捆扎固定保形,防止压好的砖块反弹变形
烤干定形	初步压好的黑木耳砖须放在烤干室中进行烤干定形,烤干室的温度由 35℃ 逐渐升至 55℃～60℃,注意对外形不好的黑木耳砖要重新定形后再烤干,通常烤制 12～14 小时即可。烤干室采用电加热或蒸气加热均可,同时还要设置一个自动控温器,严格按工艺要求操作
包装成品	当烤干的黑木耳块含水量达到 13% 以下时,就可进行包装,包装时,首先用玻璃纸包好,这样做可以防潮、防蛀,然后按不同规格放入纸盒中,打上生产日期方可出厂

(2)产品标准　黑木耳压缩块产品标准参照 GB/T　23775—2009《压缩食用菌》执行。压缩黑木耳感官要求见表 5-41。

表 5-41　压缩黑木耳感官要求

项　　目	指　　标
形态	压块表面规整,无缺损
色泽	耳面呈黑褐色,背面呈暗灰色
气味	具有黑木耳原品种特有的气味,无异味
其他	无霉烂、无虫蛀
干湿比	≥1∶10(黑木耳干湿比≥1∶12)
水分(%)	≤12.0
灰分(%)	≤8.0
杂质(%)	≤0.5

(3)卫生要求　应符合 GB 7096—2014《食品安全国家标准 食用菌及其制品》的规定。

27. 金针菇

金针菇焙烤加工技术见表 5-42。

表 5-42　金针菇焙烤加工技术

工艺流程	技术要求
原料分级	根据菌柄长短、粗细、菌盖大小进行分级,便于干燥程度均匀一致和包装
装筛焙烤	装筛厚度以不影响热风流通为准,焙烤过程中可随金针菇体积的变化,适当增加装筛厚度;先将烤房温度控制在 35℃,烤 2 小时左右,然后以每小时 2℃左右的速度递增,增至 60℃保持恒温 2 小时即可结束焙烤

续表 5-42

工艺流程	技 术 要 求
排湿调筛	金针菇鲜品含水量一般在90％以上,在烤干过程中会有大量水分排出,使烤房内湿度增加,如不及时排出,将严重影响烤干效果,为此当烤房内相对湿度达70％以上时,就应进行通风排湿。通风排湿时间可根据不同节段、设施灵活掌握,初期湿度大,通风时间要长,随菇体渐干,通风时间减短
干品包装	金针菇干品标准含水量为12％,达标后将干品集中堆放于塑料薄膜上,再用另一块薄膜盖严,使其回软1～3天,让所有干菇含水量趋于一致,然后根据市场需求进行包装
注意事项	烤房应预热35℃后菇品方可进房,因为冷房进菇,升温慢,时间长,易使鲜菇在升温过程中开伞,且色、香、味变差;温度不可升高太快,因为温度骤然升高,易使菌盖表层细胞破裂,内容物外溢而引起焦化和结壳,造成菇体发黄变黑,导致外观和风味下降

28. 灰树花

灰树花焙烤加工技术见表5-43。

表 5-43　灰树花焙烤加工技术

工艺流程	技 术 要 求
切块摆筛	用小刀将菇体根部切开,把整菇掰成100～150克重的块形,然后菌孔朝上摆放在筛片上,在阳光下排湿一天,注意筛片上只能摆放一层

续表 5-43

工艺流程	技术要求
控温脱水	进料前,烤房必须提前预热到 40℃,前期焙烤时间控制在 1～4 小时,起烤温度为 30℃～35℃,焙烤开始要保证鼓风进风口和排风口全部开启,利于水分散发;1 小时后关闭排风口 15%～25%,使烤房温度维持在 35℃～40℃,再经 2～8 小时让温度逐渐上升,每小时温度上升 1℃～2℃,上升至 40℃～50℃保持 4～9 小时,为了使烤房温度能上升,要逐渐关小进风口和排风口,此时菇体的干燥程度可达 50%
保温干燥	后期温度从 50℃升至 55℃,时间大致为 4 小时,由于此时温度较高,可将进风口和排风口逐渐关闭;当菇体干至八九成时,就可进入干燥结束期,结束期温度应从 55℃上升到 60℃,保持 1 小时;全部焙烤时间因菇体含水分量和空气湿度不同而有差异,一般为 8～12 小时,雨天采收的大致需要 18～20 小时
产品分级	灰树花干品含水量为 13%～15%,干品分级可参照 NY/T 446—2001《灰树花》执行,一般情况下,一级品菌盖呈灰白色或灰黑色,菌内雪白,菌孔深度小于 1 毫米,有丝状、瓣状或块状;二级品菌盖色比一级品稍浅,菌孔深度小于 1.5 毫米,菌肉黄色部分不超过 10%;三级品菌盖色白,菌孔深度小于 2 毫米
成品包装	干品极易吸湿,干燥后应立即分装到双层塑料袋内密封,置于衬有防潮纸的木箱或纸箱内

灰树花鲜、干品如图 5-11 所示。

(a)　　　　　　　　　(b)

图 5-11　灰树花鲜、干品

(a)灰树花鲜品　　(b)灰树花干品

29. 竹荪

(1)加工技术　竹荪又名竹笙，与其他菇类性质不同，焙烤加工方法也有区别。竹荪焙烤加工技术见表 5-44。

表 5-44　竹荪焙烤加工技术

工艺流程	技术要求
掌握时限	竹荪子实体大部分在每天上午 10 时～12 时形成，少量在下午 2 时～3 时形成，当菌裙散至离菌柄 1/3 时就要采收；如果菌裙全散后，1 时～2 时子实体整朵会倒在地上自溶，失去商品价值
适时采摘	产菇高峰期，若采收人手跟不上，可提前在菌球破口露白、含苞待放时摘下，放在箩筐内也照常散裙；也可将菌球采回，排放于室内铺在有湿纱布的桌面上，1～2 小时就会自然抽柄散裙，这样含苞采摘，菇体更洁白干净

续表 5-44

工艺流程	技术要求
间歇焙烤	竹荪当天采收应当天焙烤,鲜品机械脱水烘干,采取"间歇式捆把"焙干法,即鲜菇排筛重叠3~4层,烤房控温50℃~60℃,烘至八成干时,出房间歇10~15分钟,然后将半干品卷捆成小把,再进房烤至足干,鲜干品比为8:1
干品包装	竹荪干品反潮极快,离开烤房2小时就会回潮至含水量为25%,因此烤干后应及时用双层塑料袋包装,并扎牢袋口,防止受潮变质,降低商品价值

竹荪鲜、干品如图 5-12 所示。

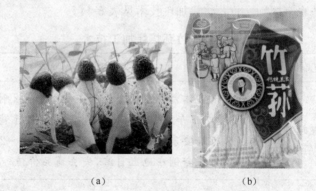

(a)　　　　　　　　　(b)

图 5-12　竹荪鲜、干品

(a)竹荪鲜品　(b)竹荪干品

(2)产品标准　竹荪产品标准执行农业行业标准 NY/T 836—2004《竹荪》标准。

①竹荪干品感官指标见表5-45。

表5-45 竹荪干品感官指标

项 目	指 标		
	特级	一级	二级
色泽	菌柄和菌裙呈洁白色、白色或乳白色		
形状	菌柄圆柱形或近圆柱形,菌裙呈网状		
气味	有竹荪特有的香味、无异味或微酸味		
菌柄直径	≥20	≥15	≥10
菌柄长度	≥200	≥150	≥100
残缺菇	≤1.0	≤3.0	≤5.0
碎菇体	≤0.5	≤2.0	≤4.0
虫蛀菇	无		≤0.5
霉变菇	无		
一般杂质	≤1.0	≤1.5	≤2.0
有害物质	无		

②竹荪干品理化指标见表5-46。

表5-46 竹荪干品理化指标

(单位:%·毫米)

项 目	指 标
水分	≤13.0
粗蛋白质(干重计)	≥14.0
粗纤维(干重计)	≤10.0
灰分(干重计)	≤8.0

(3)卫生指标 应符合 GB 7096—2014《食品安全国家标准食用菌及其制品》各项指标要求。

30. 牛肝菌

牛肝菌又名大脚杏菇,是一种人工难以栽培成功的名贵珍稀菇菌,目前采收后主要通过加工成干品长年应市。

(1)加工技术 牛肝菌焙烤加工技术见表 5-47。

表 5-47 牛肝菌焙烤加工技术

工艺流程	技术要求
采后处理	野生牛肝菌有时会混有杂菌、杂物,尤其雨天或阴天菇体含水量高,采收后要放在通风干燥处摊凉 3～5 小时,以降低菇体水分;采后不能及时加工的牛肝菌也应摊晾通风处排除水分
去杂、分类	用不锈钢刀片削去菌柄基部的泥土、杂质,按牛肝菌的种类、菌体大小、菌伞开放程度进行分级,分为幼菇、半开伞菇、开伞菇等
切片排筛	用不锈钢刀片沿菌柄方向纵切成片,要求厚薄均匀,片厚 1 厘米左右,尽量使菌盖和菌柄连在一起,切下的角碎料也可一同干制;切片后,按菌片大小、厚薄、干湿程度分别摆放
脱水干制	用烤干机进行干制,量少也可用红外线灯或无烟木炭焙烤,焙烤起始温度为 35℃,以后每小时升高 1℃,直至温度升至 60℃后,持续 1 小时,再逐渐将温度降至 50℃;焙烤前期应开启通风窗,中间通风窗逐渐缩小直至关闭;一般焙烤需 10 小时左右,采取一次性烤干至含水量达 12% 为止
注意事项	鲜片含水量大时,温度递增的速度应放慢些,骤然升温或温度过高会造成菌片软熟或焦脆,烘烤期间应根据菌片的干燥程度适当调换筛位,使菌片均匀脱水

(2)产品标准　烘干的牛肝菌片出口外销分为 4 个等级。牛肝菌干片分级标准见表 5-48。

表 5-48　牛肝菌干片分级标准

等级	质量要求
一级	菌片白色,菌盖与菌柄相连,无碎片、霉变和虫蛀
二级	菌片浅黄色,菌盖与菌柄相连,无破碎、霉变和虫蛀
三级	菌片黄色或褐色,菌柄与菌盖相连,无破碎、霉变和虫蛀
四级	菌片色泽呈深黄或褐色,允许部分菌盖与菌柄分离,有破碎、无霉变和虫蛀

31. 桂花香菇脯

(1)加工技术　桂花香菇脯加工技术见表 5-49。

表 5-49　桂花香菇脯加工技术

工艺流程	技术要求
原料配方	香菇 50 千克、红糖 20 千克、甘草 250 克、茴香 250 克、薄桂 500 克、糖精 150 克
选料护色	选菇形完整、菇盖呈茶褐色、菌褶呈白色、无病虫斑点、无机械损伤、七八成熟的新鲜香菇为原料,采收后鲜菇立即浸入 0.5% 的食盐溶液中浸泡 10 分钟做护色处理
修整烫漂	用清水清洗菇盖面及菌褶内的杂质,再用不锈钢小刀把菇伞和菇柄分开,菇柄纵向切成两半,菇伞切成 15～20 毫米的长条,要求菇脯胚大小基本一致,便于后续工序操作;将修整好的菇柄、菇伞分别投入沸水中烫煮,菇柄烫煮时间为 5～8 分钟,菇伞烫煮时间为 2～4 分钟;烫漂后捞出经流动清水冷却至室温;菇脯胚不能烫熟,以组织较透明为宜,过熟影响糖浸效果

续表 5-49

工艺流程	技术要求
硬化除味	为防止菇伞在糖煮时的烂损，经过第一次烫漂冷却后的菇伞要放入配好的 0.4%石灰溶液浸泡 10 小时，然后捞出用流动清水洗去残渣，除去涩味。将硬化处理的菇胚置于 80℃~100℃ 的油锅中浸泡 30 分钟，然后沥去油，再用温水洗去余油，沥掉水分
配液腌渍	将甘草、薄桂、茴香放入锅中，加入清水，用文火煎煮 1 小时左右，所得料液用纱布过滤，去除料渣，加入红糖 10 千克，煮沸溶化，置于缸内备用；将经过预处理的菇胚倒入缸内，浸渍 48 小时后滤出料液；然后将料液再加入余下的红糖，入锅内煮沸浓缩 30 分钟左右，置于缸内，倒进菇胚，继续浸渍 72 小时后捞出
焙烤控温	把菇胚从糖液中捞出沥干，放在烤盘内摊平，送到烘箱内烘烤，为保证香菇脯表面光洁不皱褶，应采用"低温慢速变温"焙烤方法加工，即先在 35℃~40℃ 焙烤 4 小时，停火冷却；当菇盖变软时再逐渐升温至 55℃ 焙烤 12 小时，再停火冷却；待温度降至室温时，再升温 60℃ 维持 2~4 小时，烤至菇品含水量达 16%~18%、手摸不黏手时即可停火取出
成品包装	将焙烤后的香菇脯去除杂质后放在干燥洁净的瓷坛中密封回软 3 天，然后按菇体的大小、完整程度和色泽等进行整理分级，使其外观一致，用透明食品塑料袋包装，真空包装机封口，检验、贴上商标后即可上市

(2)产品标准

①感官指标。成品香菇脯呈黄色或黄褐色,色泽均匀一致,略有透明感,组织饱满,不黏手、不返砂,条形整齐,长短粗细基本一致,酸甜适口,具有香菇的风味和滋味,软硬适中,不黏牙。

②理化指标。成品含糖量(以转化糖计)为55%～60%,含水量达15%～18%。

32. 甜味姬松茸菇脯

甜味姬松茸菇脯加工技术见表5-50。

表5-50　甜味姬松茸菇脯加工技术

工艺流程	技术要求
选料、处理	选择菇盖大小中等,色泽正常、菇形完整、无病、虫、斑点的新鲜菇品为原料,用水清洗干净,捞出控干水分
杀青、修整	锅中放入清水并加0.8%左右的柠檬酸,煮沸后放入沥干的菇,继续煮5～6分钟后捞出,在流动清水中冷却至室温,然后用不锈钢刀修削菇柄下部变褐部分。头较大的菇体必须进行适当切分,并剔除碎片及破损严重的菇体,使菇块大小一致
护色腌制	制备0.2%的食盐溶液,加入0.3%生石灰,待溶化后放入菇块,浸泡7～9小时,捞出再用流动清水漂洗干净;然后取菇块质量40%的糖,一层菇一层糖进行腌制,腌制24天以上,捞出菇块,沥去糖液,调整糖液浓度为50%～60%加热至沸,趁热倒入浸菇继续腌制24小时以上
糖液浸泡	将腌制完的菇体连同糖液一起倒入不锈钢夹层锅中加热煮沸,并逐步向锅中加入糖及适量转化糖液,煮至有透明感,即糖液浓度达62%以上时,立即停火,将糖液连同菇体倒入浸渍缸里,浸泡24小时后捞起,沥干糖液

续表 5-50

工艺流程	技术要求
焙烤包装	将沥净糖的菇块放入盘中,送入烤房内焙烤,焙烤温度控制在65℃~70℃,时间为15~18小时,当菇体呈透明状,不黏手时即可取出;烤后的产品,经回潮处理后用塑料袋包装即可上市

33. 椒盐茶薪菇脯

椒盐茶新菇脯加工技术见表 5-51。

表 5-51 椒盐茶新菇脯加工技术

工艺流程	技术要求
原料配方	净菇100千克、白糖8千克、食盐10千克、葱段、花椒粉、柠檬酸、味精各适量
选料漂洗	选择八九成熟的茶薪菇为原料,要求菇体粗细、长短均匀、无虫蛀,除去污物杂质,剪去根脚,漂洗干净后备用;若选用干菇,则须先浸水泡大后,再剪去根脚,漂洗干净备用
煮制熟化	锅中放入适量的水,同时加入糖、食盐、金针菇,先用大火煮开后,再小火熬煮10~20分钟后加入胡椒粉、味精、柠檬酸、葱段继续煮制,使菇柄充分入味,当锅内料汁基本烧干时,可停止煮制
焙烤成品	将煮制好的茶薪菇放在烤筛上摊匀后放入烤箱,在70℃~80℃,焙烤2~3小时即可,其间要翻动2次,防止黏筛

34. 菇柄芝麻片

菇柄芝麻片加工技术见表 5-52。

表 5-52 菇柄芝麻片加工技术

工艺流程	技术要求
原料配方	干菇柄 20 千克、黑芝麻 3 千克、优质食醋 80 千克、精盐 4.2 千克、白糖 3 千克、目鱼风味调料 2 千克、花椒粉 100 克、鲜辣粉 150 克,饴糖适量
原料处理	鲜香菇柄剪去带培养基的菇蒂,去除杂物,洗净后晒干备用;黑芝麻用清水淘洗,沥干后入锅炒熟
软化干燥	将香菇柄分批倒入不锈钢锅中,加食醋浸泡一夜,促使软化,再加入精盐、白糖和目鱼风味调料混拌均匀加热 30 分钟,然后将所有的原料置于压力锅中,在 98～147 千帕压强下保持 20～30 分钟,使其充分软化;待压力下降后,打开压力锅盖,取出香菇柄,沥干收水,然后摊在烘盘里,均匀撒上花椒粉、鲜辣粉后送入鼓风干燥箱中,在 60℃～70℃ 下进行热风干燥,待含水量降至 25% 时终止加温
压片成形	经干燥的香菇柄置于模具中,压成 50 毫米见方的薄片
焙烤控温	在每个薄片的上面刷一层饴糖,再均匀撒一层黑芝麻,然后送入烤箱中,在 150℃～180℃ 温度下焙烤 3～5 分钟,即可出烤箱
成品包装	待冷透后定量装入复合食品塑料袋内,用真空包装机进行包装封口,装袋后质检合格即可装箱入库或直接上市

35. 香酥平菇条

香酥平菇条加工技术见表 5-53。

表 5-53　香酥平菇条加工技术

工艺流程	技术要求
原料准备	选当天采收未开伞的优质鲜平菇,削根去杂后,用清水洗净,捞出沥水
浸煮脱水	将整理好的鲜菇放入不锈钢锅的沸水中煮 1～2 分钟,捞出沥水;因平菇的含水量较高且不易被除去,所以要用真空抽水机尽量将菇体水分抽干
切条成型	将浸煮脱水的菇顺纹用不锈钢刀切成 3～5 厘米宽的条状
拌料调制	主料(菇条)与辅料(混合粉)之比 90:10,其辅料混合粉的组成为淀粉:精盐:白糖:胡椒粉:味精＝75:15:6:3:1,将菇条与辅料充分拌匀
控温焙烤	将调拌好的菇条放入 65℃～70℃ 的烤房内焙烤 15 小时
成品包装	烤干菇条冷却后即可装入复合塑料袋中,一般每袋装 100 克,抽真空封口

四、果品焙烤加工方式与配套设备

1. 果品焙烤加工方式

加工流程:原料选择→清洗整理→护色处理→烫漂→晾晒排湿→焙烤干燥→后处理→包装→成品。下面介绍主要加工环节的技术要点。

①原料选择。要求干物质含量高,肉质厚,组织致密,粗纤维少,风味色泽好,不易褐变。常见果品焙烤原料要求和适宜品种见表 5-54。

表 5-54 常见果品焙烤原料要求和适宜品种

种类	原 料 要 求	适 宜 品 种
苹果	果形中等,肉质致密,皮薄,单宁含量少,干物质含量高,充分成熟	金帅、小国光、大国光等
梨	肉质柔软细致,石细胞少,含糖量高,香气浓,果心小	巴梨、仕梨、茄梨等
葡萄	皮薄,肉质柔软,含糖量在 20% 以上,无核,充分成熟	无核白、秋马奶子
桃	果形大,离核,含糖量高,粗纤维少,肉质细密而汁液少,以香气浓郁的黄肉桃为好,成熟度以果实稍软时采收为宜	甘肃宁县黄甘桃、砂子早生等
杏	果形大,颜色浓,含糖量高,水分和纤维少,香气浓,充分成熟	河南荥阳大梅、河北老爷脸、铁叭哒、新疆柯尔克孜苦曼提等
枣	果个大,核小,皮薄,肉质肥厚致密,含糖量高,易干燥	山东乐陵金丝小枣、山西稷山板枣、河南新郑灰枣、浙江义乌大枣等

续表 5-54

种类	原料要求	适宜品种
柿	果形大且圆正,无沟纹,肉质致密,含糖量高,种子小或无核,成熟,肉质坚硬时采收	河南荥阳大柿,山东菏泽镜面柿,陕西牛心柿、尖柿,福建古田桃园柿、山虎裳、枣柿,广西月柿(水柿)等
荔枝	果形大而圆正,肉厚核小,干物质含量高,香气浓,涩味少,壳不宜太薄,以免干燥时破裂或凹陷	糯米糍、槐枝等
龙眼(桂圆)	果形大而圆正,肉厚核小,干物质或糖分含量高,果皮厚薄中等	大乌圆、乌龙岭、油潭本、普明庵等

②清洗整理。人工清洗或机械清洗,清除泥沙、杂质、农药和微生物,保证产品的卫生,然后进行去皮(壳、核),再将原料切分成一定大小和形状,以便水分蒸发。

③护色处理。制果干多以硫处理护色。硫处理护色是在熏硫室中燃烧硫黄对原料进行熏蒸。果品简易熏硫设备如图5-13所示。

④烫漂杀毒。烫漂又称热烫、预煮等,是一种短时热处理后迅速冷却的过程,是最常用的控制酶褐变的方法,常用的有沸水热烫和蒸汽热烫两种热烫方法。

⑤晾晒排湿。原料在经过热烫冷却后,要晾晒排湿。常见晾晒排湿设备如图 5-14 所示。

⑥焙烤干燥。区别不同品种果实肉质软硬程度,使用焙烤机

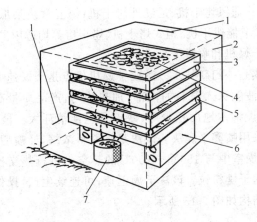

图 5-13　果品简易熏硫设备
1. 缝隙　2. 熏硫盒　3. 筛　4. 香蕉果实　5. 支撑物　6. 砖块　7. 硫磺

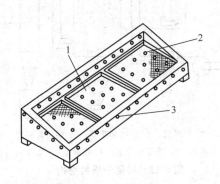

图 5-14　晾晒排湿设备
1. 玻璃塑料合成板　2. 空气进入孔　3. 热空气通风孔

械焙烤干燥。

2. 果品焙烤设备

果品焙烤设备较多,如第三章水产品焙烤加工设备中的隧道式干燥机、带式通风烤干机、远红外烤干机;第五章蔬菜瓜果焙烤设备中的 RE 节能烘干机、柜式烤干机、烤干房等均适用。下面主要介绍微波干燥机和喷雾干燥机。

微波加热是一门新技术。微波干燥机优点是干燥速度快,干燥时间短,微波能深入原料的内部,加热均匀,产品质量高,产品风味品质好,设备占地面积少等,缺点是电能消耗大。液态果蔬原料干燥多采用喷雾干燥法。该法是将原料浓缩,经喷嘴使原料雾化,再于干燥室中与 150℃～200℃ 的热空气进行热交换,于瞬间形成微细的干燥粉粒。该法干燥迅速,可连续生产,操作简单。喷雾干燥机结构如图 5-15 所示。

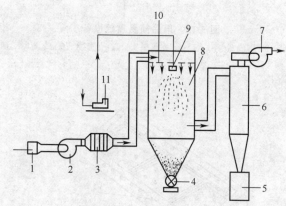

1. 空气过滤器　2. 送风机　3. 空气加热器　4. 旋转卸料器　5. 接收器
6. 旋风分离器　7. 排风机　8. 喷雾干燥室　9. 喷雾器　10. 空气分配器　11. 料泵

图 5-15　喷雾干燥机结构

五、果品焙烤加工实例

1. 桂圆干

桂圆干又称龙眼干,营养丰富,是广大消费者所欢迎的滋补品,在全国各地有很大的消费市场。桂圆干品如图 5-16 所示。

图 5-16　桂圆干品

(1)加工技术　龙眼干焙烤加工技术见表 5-55。

表 5-55　龙眼干焙烤加工技术

工艺流程	技术要求
选料处理	选择新鲜、充分成熟、无病虫害、无霉烂、果粒完整的果实为原料;把果粒从果穗上剪下,留梗长度为 1.5 毫米;将果实放在竹箩中,浸入清水5～10 分钟,洗净果面灰尘和杂质
过摇	将浸湿的果倒入特制摇笼,每笼约装 35 千克,在摇笼内撒入 250 克干净的细沙,将摇笼挂在特制的木架上,由两人相对握紧笼端手柄,急速摇动 6～8 分钟,使龙眼在笼中不断翻滚摩擦,待果壳转为棕色干燥时停止;过摇的目的是使果壳变薄变光滑,便于烘干,但不能把果壳磨得太薄,否则在焙干时,果壳易凹陷
初焙	将果实均匀地铺在焙灶上,一般灶前沿多放些,灶后沿少放些;每个焙灶每次可焙龙眼 300～500 千克,燃料可使用木炭或干木柴,温度控制在 65℃～70℃,焙烤8 小时后翻动一次;将焙灶里果分上、中、下起焙,即将上、中、下层龙眼分别装入竹箩筐中,然后先把上层龙眼倒入焙灶,并耙平,再倒入中层的,最后倒入下层里,8 小时后,进行第二次翻动,方法同第一次,再经 3～5 小时烤焙后可起焙,散热后装箩存放

续表 5-55

工艺流程	技 术 要 求
均湿复烤	初焙的龙眼经 2～3 天堆放,果核与果肉水分逐渐向外扩散,果肉表面含水量比刚出灶时增多,故须复焙;复焙须用文火(温度控制 60℃左右),时间约为 1 小时,中间翻动 2～3 次;当用手指压无果汁流出、剥开果肉后果核呈栗褐色时即可出焙;出焙后须进行 24 小时的散热
分级包装	用剪刀剪去龙眼干的果梗后过筛,按大小分级;生产上常用密封性较好的胶合纸箱包装,内衬塑料薄膜,边装箱边摇动使装填充实,每箱约装 30 千克,最后将塑料袋口密封,钉紧箱盖

(2)质量要求 优质龙眼干颗粒圆整,大小均匀,壳呈棕黄色;壳硬但手捏易碎,用齿咬核核易碎且有声响;肉质厚实,色黄亮,果肉表层有极细致的皱纹,手触果肉不黏手,肉与核易剥离;味甜,带龙眼的清香;果肉含水量在 15%～19%。

2. 荔枝干

(1)加工技术 荔枝干焙烤加工技术见表 5-56。

表 5-56 荔枝干焙烤加工技术

工艺流程	技 术 要 求
原料选择	选择果肉厚、核小、含糖量高、果皮厚、成熟度为八九成(果皮 85% 转红、果柄部位仍带有青色)、新鲜、无病虫害、无霉烂的果实为原料
护色处理	将荔枝浸泡在 2% 的食盐溶液和 0.5% 柠檬酸溶液中约 15 分钟,或将其熏硫 20～30 分钟

续表 5-56

工艺流程	技　术　要　求
果体杀青	将护色处理后的果实置于铝锅沸水中杀毒,温度控制在 90℃～100℃,时间为 18～24 小时,其间翻动 2～4 次,让果实受热均匀;当果肉煮至呈现象牙色时,即可出锅回软,保存 3～4 天
分次翻焙	第一次翻焙,先将杀青的果实送进烤房,温度控制在 70℃～80℃,维持 24 小时,每隔 4～5 小时翻动 1 次,然后再起锅回湿,保存 3～4 天,再进烤房进行第二次翻焙:温度控制在 60℃左右,6 小时翻动 1 次,烤至果粒一锤即裂为止
烤干包装	干品出烤房后,须回湿 4～6 小时,用复合塑料袋包装,再用纸箱外包装

(2)质量要求　果皮呈赤红色,自然扁瘪,不破裂;果肉呈深蜡黄色,有光泽;口味清甜可口,有浓郁荔枝的风味;含水量达 15％～20％。

荔枝干如图 5-17 所示。

3. 香蕉干

(1)加工技术　香蕉干焙烤加工技术见表 5-57。

图 5-17　荔枝干

表 5-57　香蕉干焙烤加工技术

工艺流程	技　术　要　求
原料选择	选用果实饱满成熟、无病虫害、无霉烂成熟的香蕉为原料;为充分利用资源,可利用保鲜时淘汰的过大或过小的香蕉作为原料

续表 5-57

工艺流程	技术要求
剥皮切分	用手工剥皮,剥皮时用不锈钢小刀或小竹片剔除果肉周围的筋络;为方便香蕉干燥,缩短水分扩散距离,通常把较大的香蕉果肉纵切成两半,小的香蕉不切,保留整条形状
护色处理	将剥皮、切分好的香蕉排放在竹筛上或不锈钢筛网上,放入熏硫室中进行熏硫护色处理;每吨原料使用 1.5 千克硫黄粉,将硫黄粉均匀撒在木屑或木炭上,点燃助燃物,使硫黄粉慢慢燃烧,熏蒸 30 分钟,然后打开室门,排尽二氧化硫
控温焙烤	将护色处理的原料均匀放于竹筛上,注意切口向上,送进烤房焙烤,焙烤初期温度控制在 50℃～60℃,后期控制在 60℃～65℃,干燥过程注意换筛、翻转,使产品含水量达 15%～20%
干燥回软	将干燥的香蕉放在密封的容器里回软 2～3 天,使制品水分相互转移达到平衡,同时还可使其质地柔软,改善口感,方便包装。如含水量超出要求时可进行回炉,再做包装,这样有助于保存
成品包装	使用密封、防潮的塑料薄膜、锡薄或两种复合制品作内包装,外包装用纸箱或木箱。若采用抽真空包装或充氮排氧包装则更先进;产品存放于干燥、避光、卫生的低温冷库中

(2)质量要求 优质香蕉干呈浅黄色或金黄色,大小均匀,具

有浓郁的香蕉风味,含水量达 15%～20%。

4. 芒果干

(1)加工技术 芒果干焙烤加工技术见表 5-58。

表 5-58 芒果干焙烤加工技术

工艺流程	技术要求
选料洗涤	选择新鲜饱满、色泽鲜黄、果肉厚、肉质细嫩、干物质含量高、纤维少、核小而扁薄、风味浓的芒果为原料,成熟度以八九成为宜,剔除病虫害、霉烂、机械伤及成熟度低和风味差的果实;用流动清水清洗芒果,洗净芒果表面灰尘、杂质,并进一步剔除不合格的果实,按大小分级装进塑料筐内,沥干水分
去皮切片	用不锈钢刀人工削去果皮,去除斑疤,要求表面光滑,无破碎,果皮必须削干净;因果皮中含的单宁较多,如未削净,在加工中容易产生褐变,影响成品色泽;去皮后,用锋利的刀片纵向切片,厚度为 8～10 毫米
护色处理	用熏硫法在密封室中燃烧硫黄,每吨原料使用硫黄粉 2～3 千克,时间为 30 分钟
分期焙烤	将护色处理后的原料均匀放于烤盘,放入烤干机内焙烤,焙烤初期温度控制在 70℃～75℃,后期控制在 60℃～65℃;焙烤过程中,注意倒换烤盘、翻动原料和回湿等操作
均湿包装	待芒果制品含水量达 15%～18% 时,将产品置于密闭容器中回软,时间为 2～3 天,使其含水量均衡,质地柔软,方便包装;目前多采用高阻隔的透明复合薄膜袋进行包装,包装容量主要有 50 克、100 克、200 克等小包装和 20～25 千克大包装等规格;芒果干贮藏过程中易氧化变质和褐变,最好能冷藏

(2)质量要求 好的芒果干呈橙黄色或淡黄色,大小厚度均匀,具有浓郁的芒果风味,含水量达 15%~18%。

5. 桃干

(1)加工技术 桃干焙烤加工技术见表 5-59。

表 5-59 桃干焙烤加工技术

工艺流程	技术要求
原料选择	选用果形大、八九成熟度、新鲜、含糖量高、香气浓、纤维少、肉质紧厚、果汁较少无虫蛀、无腐烂的果实的品种为原料
清洗切分	用流动清水洗净果实表面的灰尘泥沙,再把桃毛刷掉;用不锈钢刀将果肉切开,双手握果向相反方向掰开,用挖刀除去果核
热烫熏硫	将经过切分处理的桃在沸水中漂烫 5~10 分钟,捞起,沥干水分;将桃片切面向上排放在烤盘内,送入熏硫室,熏硫 4~6 小时,每吨鲜果需硫黄粉 3 千克
入房焙烤	将熏硫后的制品送进烤房,焙烤初期温度控制在 55℃~65℃,相对湿度为 55% 左右,在焙烤末期,相对湿度减至 25%~30%;整个焙烤过程为 24~30 小时,成品含水量不超过 18%
回软包装	烤干后先除去不合格桃片,然后将合格桃片放入密闭贮藏室内,回软 3 周时间,使桃片水分均匀,质地柔软,即可用塑料袋包装上市

(2)质量要求 优质桃片表面色泽为金黄色,肉质紧密,质地脆韧,无杂质,有桃的芳香味,含水量达 15%~18%。

6. 李干

(1)加工技术 李干焙烤加工技术见表 5-60。

表 5-60　李干焙烤加工技术

工艺流程	技 术 要 求
原料选择	选择大小中等、果皮薄、肉质致密、纤维少、含糖量在 10％以上(折光仪计)、核小、果肉呈黄绿色、八成成熟度的果实为原料,剔除病虫果、霉烂果
浸碱处理	用清水将果实洗净后沥干水分,然后进行浸碱处理,以去除果实表皮的蜡质,便于干燥;碱液浓度和浸碱时间依原料品种、成熟度的不同而异,使用碱液时,浓度为 0.25％～1.5％,时间为 5～30 秒;浸泡时间不宜过长,以免造成果皮破裂或脱落;浸碱良好的,果面有极细的裂纹
清洗整理	原料浸碱后捞出,立即用清水将果面残留碱液洗净;将洗净的果实根据大小分别放置到烤盘上;烤盘上只放一层李果,便于水分蒸发
入房焙烤	将烤盘送进烤房,装载量为 12～14 千克/米²,初期温度控制在 45℃～55℃,焙烤末期温度控制在 70℃～75℃,干燥时间为 20～30 小时
回软包装	干燥的成品分级挑拣后,装入衬有防潮物品的果箱内,移到贮藏室回软,回软期需 14～18 天,然后用食品塑料薄膜袋包装上市

(2)质量要求　好的李干果肉柔韧而紧密,富有光泽,不发霉,含水量达 12％～18％。

7. 苹果干

(1)加工技术　苹果干焙烤加工技术见表 5-61。

表 5-61　苹果干焙烤加工技术

工艺流程	技术要求
选料处理	选择晚熟或中晚熟品种、果实中等大小、肉质致密、含糖量高、酸度大、皮薄肉厚、充分成熟的果实为原料,剔除烂果,病虫害果,伤残果;将选好的苹果放进 0.5%～1.0% 稀盐酸溶液中浸泡 3～5 分钟后,用清水洗净,再用手工或机械方式去皮,最后用不锈钢刀将苹果对半切开,挖去果心
护色切片	将切好的苹果迅速浸入 3%～5% 的盐水中护色,以防氧化变褐,时间为 5～10 分钟;将苹果横切成 8～10 毫左右厚的环状薄片,也可切成瓣状;再将其送入熏硫室熏制 15～30 分钟,每 1000 千克苹果用硫黄粉 2 千克
烫漂焙烤	用热蒸汽将果片蒸烫 2～4 分钟后,送入烤房或烤干机中焙烤;采用隧道式烤干机,初期温度控制在 75℃～80℃,以后逐渐降至 50℃～60℃(顺流焙烤)或初期温度控制在 60℃,以后逐渐升至 74℃(逆流焙烤);焙烤时间需 5～8 小时,成品含水量为 18%～20%,即干制成品用手紧握再松手时,不会相互黏结,且富有弹性
回软分级	将干燥成品堆放在密闭的容器或房间里,在 35℃～45℃条件下,回软 3～5 天,然后进行分级
包装贮藏	用塑料食品袋或复合食品袋包装,袋内的空气要排净密封后,再装入纸箱内,产品包装后,要及时入冷库贮藏

(2)质量要求　优质苹果干色泽鲜明,片块完整,肉质厚,有苹果清香,无霉变,无虫蛀,无其他杂质;用手紧握时互不粘连,且富有弹性;含水量达 18%～20%(含水量过高易受病虫害侵蚀,含水量过低则口感太干),含硫量不得超过 0.05%,不结壳,不焦化,并具备酥、脆、甜的品质。

8. 梨干

(1)加工技术　梨干加工技术见表 5-62。

表 5-62　梨干加工技术

工艺流程	技术要求
原料选择	选择充分成熟、含糖量高、肉质柔软细嫩、石细胞少、果心小、香气浓、干物质多的果实为原料,剔除损伤、腐烂、带斑点的果实
原料处理	用清水洗净选取的梨果,用人工或机械方法去除果皮、果梗、果心;将果实切成块状或片状,大型梨切成 4～8 块,小型梨切成 2～3 块;然后用 1%～2%的食盐水浸泡
烫漂熏硫	将经盐水浸泡的梨块放入开水锅内煮 15～20 分钟,梨块呈透明状时捞出,放冰水中迅速冷却,捞出沥干水分;煮梨水不要更换倒掉,大约煮 3000 千克梨的水,可浓缩成饴糖或梨膏 25 千克;漂烫后的梨块装入盘中送入熏硫室熏硫 4～8 小时,每吨梨块使用硫黄粉 2～3 千克
焙烤干燥	将熏硫后的梨块送入烤房焙烤,初烤时火力要大,温度控制在70℃～75℃,等到水分大部分被蒸发时,温度可降至 50℃～55℃,成品含水量不超过 22%
成品包装	焙烤干燥好的梨干可用食品袋或食品盒包装上市

(2)质量要求 好的梨干形状整齐,气味清香,具梨的特有风味,无杂质,柔软,不易折断,含水量一般达 16%～18%。

9. 葡萄干

(1)加工技术 葡萄干焙烤加工技术见表 5-63。

表 5-63 葡萄干焙烤加工技术

工艺流程	技术要求
原料选择	选用皮薄、糖分含量高、果肉柔软、充分成熟的葡萄为原料;品种上可选择无核白、马奶子和田红葡萄及新引种的无核黑、美丽无核、波尔莱特等
整理护色	采收后,剪去过小和损伤的果粒。将果串放置到晒盘上,一般只铺放一层,若果串过大,要分成几个小串;为缩短干燥时间,加速水分蒸发,可采用 1.5%～4% 的碱液,处理 1～5 秒后立即用清水冲洗干净,经过浸碱处理葡萄,可缩短干制时间 8～10 天
熏硫钝化	将经过浸碱处理的葡萄置于晒盘中送入熏蒸室熏硫,每吨葡萄用 1.5～2 千克硫黄和少量木屑,拌匀后点燃,紧闭门窗,熏蒸 3～4 小时后,打开门窗排出剩余二氧化硫气体;熏硫处理可钝化果粒中的多酚氧化酶和其他氧化酶,防止产生褐变,保留果粒中的维生素
控温焙烤	熏硫后连盘一起移入烤房,加温焙烤,初期温度保持 45℃～50℃,持续 1～2 小时,再将温度上升至 60℃～70℃,持续 2 小时,最后将温度保持在 70℃～75℃,相对湿度为 25% 左右,持续 15～20 小时即可烤干

(2)质量要求　好的葡萄干肉质柔软,颜色一致,具葡萄的芳香和风味,用手紧压无汁液渗出;含水量为 15%~17%。

10. 杏干

(1)加工技术　杏干焙烤加工技术见表 5-64。

表 5-64　杏干焙烤加工技术

工艺流程	技术要求
原料选择	选择成熟、新鲜、果大、肉厚、味甜、离核、纤维少、含糖高、香气浓、果肉橙黄色的品种为原料;别除病虫害、霉烂、残破果
清洗切分	按大小分级,洗净果面的泥沙和杂质,沥干水分;用不锈钢刀将杏果对半切开,挖去杏核,将切分后的果片切面向上排列在筛盘上,不可重叠堆放
熏硫护色	配 0.4% 的食盐水喷于果面防止变色,将装杏果片的筛盘送入熏硫室,熏硫 2~3 小时,硫黄粉的用量约为鲜果重的 0.4%,熏后果实透明,核洼里有水珠
焙烤干燥	将经熏硫的杏片送入烤房,一层层排放在木架上,然后关闭门窗,进行烤焙,开始 4~6 小时温度保持 40℃~50℃,然后逐渐升高至 70℃~80℃,随着杏片水分的蒸发和室内温度的增高,应及时将门窗和通风孔打开排除水蒸气;在焙烤过程中,烤架上下层要调换,使其受热均匀,争取同一批次原料同时焙烤干燥,焙烤时间一般为 24~36 小时
回软包装	成品放在木箱中回软 3~4 天后,将色泽差、干燥不够,以及破碎的拣出即可包装上市

(2)质量要求 优质杏干呈橙黄色,肉质柔软,甜酸适口,具有浓郁的杏果风味,不易折断,彼此不黏结,呈半透明状;将果片放在指间捻后无汁液外渗,含水量为 16%~18%。

11. 红枣干

(1)加工技术 红枣干焙烤加工技术见表 5-65。

表 5-65　红枣干焙烤加工技术

工艺流程	技术要求
选料洗涤	选择皮薄、肉质肥厚致密、糖分高、核小的品种为原料;剔除霉烂、病虫果,用清水去除果面灰尘、杂质,沥干水分
入房焙烤	将枣放入烤盘上送入烘房,烤房温度控制在 55℃~60℃时,保持 6~10 小时。为使枣内部的游离水大量蒸发必须加大火力,在 8~12 小时内使烤房内达到 68℃~70℃,但不得超过 70℃,以利于水分大量蒸发。此时应注意通风排湿,每次通风 5~10 分钟后关闭进气和排气口,继续保持烤房温度 50℃达 6 小时,同时,移动烤盘位置,使烤盘中的枣受热均匀
干燥冷却	出烤房的枣干必须及时通风散热,待冷却后方可堆积;红枣含糖量高,在热量高的情况下,枣内糖分易发酵变质,枣内果胶也会分解成果胶酸,为保持红枣品质,焙烤完毕,后立即彻底冷却,不能入贮
包装	拣出破枣、绿枣、虫枣,然后进行定量包装

(2)质量要求 优质红枣干皮色呈深红色,肉质呈金黄色,有弹性,含水量达 25%~28%。红枣干如图 5-18 所示。

图 5-18　红枣干

12. 柿饼

(1)加工技术　柿饼焙烤加工技术见表 5-66。

表 5-66　柿饼焙烤加工技术

工艺流程	技术要求
原料选择	选择果横径大于 5 厘米、无病虫害、无损伤、含水量少、含糖量高、无核或少核、色泽由黄橙色转为红色时采收的柿果为原料
洗涤去皮	用清水洗净果面污物,沥干水分后可采用手工或旋皮机去皮,要求削皮要薄,不漏削,除柿蒂周围保留宽度小于 0.5 厘米的果皮外,其他部位不能留有残皮
脱涩软化	将柿果顶朝上逐个摆放在烤盘上,果距间留 0.5~1 厘米空档,摆满后送进烤房,放在烤架上;烤房按每立方米用 5 克硫黄计算,进行熏蒸 2~3 小时;在熏硫的同时点火升温,尽快使烤房温度上升至 40℃,但不超过 45℃,保持 48~72 小时,使柿果基本脱涩变软、表面结皮为止。焙烤期间每 1 小时通风排湿 1 次,烤房内相对湿度保持 55% 左右

续表 5-66

工艺流程	技术要求
回软柔捏	柿果焙烤后从烤房取出，移往阴凉干净的地方冷却，然后放进密闭的容器内，回软一夜；果肉回软后，用手揉捏果实再放到烤盘里，移往干净向阳、空气流通的场所晾晒，并用聚乙烯塑料薄膜覆盖，在晴天条件下晾晒 2～3 天；晾晒时，每隔 1～2 小时将薄膜面翻转一次，并抖掉薄膜上水滴；用手捏柿果要用力均匀，捏成扁平形状，使果肉柔软
焙烤干燥	将烤盘送入烤房，烤房温度控制在 50℃～55℃，并进行适时通风排湿，倒换烤盘；焙烤到柿果含水量降至 30% 以下、柿果显著收缩、果肉质地柔软、用手容易捏扁变形为止
整形出霜	烤盘从烤房移出，置于干净阴凉通风散热，并置密闭容器内回软一夜；回软后将柿果逐个捏饼成形；然后在容器中堆捂、室外晾晒，反复交替进行几次才能出霜；在晾晒期间进行整形，将柿果捏成圆饼形
包装	使用复合塑料薄膜袋进行密封包装，然后放干燥处贮藏

（2）质量要求　优质柿饼大小均匀，边缘厚且完整，蒂盖居中，柿霜呈白色较厚；柿饼软糯而甜，无涩味，嚼之无渣或少渣；一般出柿饼率为 25%～30%。柿饼如图 5-19 所示。

图 5-19　柿饼

13. 无花果干

(1)加工技术 无花果干焙烤加工技术见表5-67。

表5-67 无花果干焙烤加工技术

工艺流程	技术要求
原料选择	选择新鲜、无霉烂、无病虫害、无损伤、果形大、肉厚、刚熟但不过熟的黄色品种为原料
清洗去皮	用清水冲洗无花果,洗去果面灰尘、杂质,沥干水分;采用碱液脱皮法去皮,配制4%浓度的碱液并使用不锈钢锅加热至90℃,将无花果置放于90℃的碱液中保持1分钟,捞起放进水槽中,用大量清水将其不断揉搓滚动,并加入稀酸中,如此操作果皮就脱落下来了;在操作过程中要戴手套,避免碱液对皮肤的腐蚀,脱了皮的无花果要沥干水分待用
护色控时	脱皮后的无花果用0.2%浓度的盐液浸果6～8小时
焙烤回软	将护色后的无花果放进烤盘送入烤房,初期可用较高温度75℃～80℃,使其短期内蒸发大量水分;接近中后期,温度要降低至60℃～65℃,烤制时间为16～18小时,待无花果含水量达14%～15%即可结束烤制;最后置于密闭房间或密闭容器1～2天,使其回软
成品包装	用塑料食品袋密封包装,外面再加纸箱包装,每袋250克或500克

(2)质量要求 优质无花果干呈浅黄色或橙黄色,色泽一致,具有无花果的风味,无其他异味,含水量达15%左右。

14. 菠萝果脯

(1)加工技术 菠萝果脯焙烤加工技术见表5-68。

表 5-68　菠萝果脯焙烤加工技术

工艺流程	技术要求
选料洗涤	选择新鲜、果肉带黄色、无病虫害、无霉烂、成熟度为八九成的果实为原料;用清水洗去附在果皮上的泥沙和微生物等,按大、中、小分三级
去皮切分	用机械或手工去皮捅心,使用的刀筒和捅心筒口径要与菠萝大小相适应,再用不锈钢刀削去残留的果皮和果上的斑点、果目;然后将去皮捅心后的菠萝直径在 5 厘米以内的横切成 1.5 厘米厚的圆片;直径在 5 厘米以上的先横切 1.5 厘米厚的圆片,然后再分切成扇形片;果肉组织致密,可斜切成 0.5 厘米厚的椭圆形片,另外进行糖制
护色硬化	切分后的果片用 0.1% 食盐溶液和 0.5% 石灰溶液浸泡 8~12 小时,然后漂洗
热烫糖腌	果块用清水冲洗后,入沸水中烫漂 10 分钟左右;热烫处理可抑制微生物的活动,钝化酶活性,又可排除菠萝组织中的空气,利于浸糖;果块趁热用 30% 的白糖入缸腌渍,一层果一层糖,表面用糖覆盖,腌渍时间 24 小时,将果片捞出,再加 15% 的糖将糖液回锅,化开煮沸后倒入果块中腌渍 24 小时,如此多次渗糖,使果块吸糖达 60%~65%(糖量计),可用淀粉糖取代 45% 蔗糖
焙烤成品	将糖腌渍的果块捞出,均匀置于网筛上入烤房烤干;烤房温度不能太高,保持在 60℃~65℃;烤至不粘手,将菠萝片切开,用手挤压时断开层无水出,即可出烤房,一般须烤 7~8 小时;将烤干菠萝片置于干净的不锈钢台面上,用少量糖粉拌匀,使得片与片之间不粘连,冷却后进行包装

(2)质量要求 优质菠萝果脯呈橙黄色,有光泽,半透明,色泽一致,外观完整,组织饱满,果片干燥不粘手,具有菠萝风味;含水量为 18%～20%,含糖量为 50%～60%。

15. 芒果脯

(1)加工技术 芒果脯焙烤加工技术见表 5-69。

表 5-69　芒果脯焙烤加工技术

工艺流程	技术要求
原料去皮	选择八成成熟度、新鲜、无霉变、无腐烂的芒果为原料;按芒果原料成熟度和大小分级后用清水洗净,削去外皮;再用锋利刀片沿核纵向斜切,果片大小厚薄要一致,一般厚度为 0.8 厘米
护色热烫	将芒果片浸入 0.2% 碱液,时间需 4～6 小时;然后移出用清水漂洗干净,沥干;将原料投入沸水中热烫 2～3 分钟,烫至原料呈半透明状并开始下沉为宜,热烫后马上捞出,用冷水冷却,防止热烫过度
糖液渍制	将热烫后的原料趁热投入 30% 冷糖液中渍制 8～24 小时后,移出糖液,在糖液中加 10%～15% 的砂糖加热煮沸后倒入原料继续糖渍;再移出糖液,再补加糖液重 10% 的砂糖,加热煮沸后再将原料投入,利用温差加速渗糖,使原料吸糖,达到果脯所需含糖量后,捞起沥去糖液,用热水淋洗,去除表面糖液
焙烤回软	将芒果块装入筛盘进行焙烤,温度控制在 60℃～65℃,其间还要进行换筛、翻转、回湿等处理;芒果脯成品含水量一般为 18%～20%。达到干燥要求后,进行回软、压平
包装	采用复合塑料薄膜袋以每袋 50 克、100 克包装

(2)质量要求 好的芒果脯呈深橙黄色或橙红色,有光泽,半透明,色泽一致,外观完整,组织饱满,干燥不粘手;具芒果风味;含水量达 18%～20%,含糖量达 50%～60%。

16. 杨桃脯

(1)加工技术 杨桃脯焙烤加工技术见表 5-70。

表 5-70 杨桃脯焙烤加工技术

工艺流程	技术要求
选料切分	选择新鲜、饱满、八成熟、无病虫害、无霉烂、无损伤的杨桃为原料;用清水洗净杨桃表面的灰尘、杂质,沥干水分,用不锈钢水果刀纵向依单瓣分切成长瓣状厚片,或横切成 1.5 厘米厚片
护色硬化	将切分的杨桃放入含有 0.3% 的碱溶液中,并加微量姜黄粉,使杨桃带鲜明的淡黄色,浸泡 4～6 小时,然后进行清水漂洗,沥干水分
糖液腌制	将 100 千克杨桃片与 50% 浓度糖液 160 千克及丁香、陈皮、甘草各等量混合粉 1.6 千克,一同放入夹层锅中煮,慢慢煮至 106℃ 后停止加热,趁热移出杨桃片,沥去表面过多的糖液,置于平台上,摊开冷却,同时加入混合粉 1.6 千克,拌匀,使杨桃片沾上粉末
焙烤成品	将杨桃片摊于烤盘上,送入烤房或烤干机内焙烤,焙烤温度控制在 65℃,焙烤至果片干燥,立刻进行冷却,使杨桃片含水量在 22% 以下
包装	成品用复合薄膜袋进行定量包装

(2)质量要求 优质杨桃片色泽呈淡黄色,果片块状完整,不

破碎;甜酸适口,具有杨桃的甜酸风味与香料的混合芳香,口感脆嫩柔软;含水量在22%以下,含糖量达65%～70%。

17. 枇杷脯

(1)加工技术　枇杷脯焙烤加工技术见表5-71。

表5-71　枇杷脯焙烤加工技术

工艺流程	技术要求
原料选择	选用八成熟、新鲜、无病虫害、机械伤、霉烂的果实为原料
去皮去核	将枇杷果用1%的盐水溶液浸泡洗涤,然后再用清水冲洗干净,用打孔器去除核,在去核的同时挖去病虫害和受损伤的果肉,再用手工逐粒剥去果皮
硬化处理	用15%～20%浓度的干净石灰水浸泡果肉,时间为3～5天,每天翻动2次,用量以浸没果肉为宜,浸泡后漂洗4～5次,再沥干水分;若用0.1%浓度的生石灰浸泡,每100千克果肉约需石灰液90千克,浸泡时间为10小时,浸泡后再用清水漂洗2～3次,为防止浸泡果肉上浮,可以压上竹帘等物
加糖腌制	每100千克果肉用白砂糖50千克进行糖渍,其方法是用少量水加热溶解白砂糖,倒入果肉中,拌匀,糖渍1天;将果肉连同糖渍液一同倒入夹层锅内,加热煮沸,再按每100千克果肉用白砂糖30千克,加入白砂糖用旺火煮沸30分钟左右,然后起锅,糖渍1天;再次将果肉连同糖渍液一同倒入夹层锅中煮沸,添加30千克白砂糖,煮沸30分钟后捞出果肉
焙烤包装	将果肉置于烤盘上,送入烤房,在60℃下焙烤20～30小时,待果肉表面不粘手时,用塑料薄膜袋包装,每袋0.5千克,再装入纸箱

(2)质量要求 好的枇杷脯色泽呈深红或棕红色,不粘手,有韧性,口感香甜,具有枇杷的特有风味,无其他异味,味酸甜,含糖量达 60%～65%,水分含量达 18%～22%。

18. 桃脯

(1)加工技术 桃脯焙烤加工技术见表 5-72。

表 5-72　桃脯焙烤加工技术

工艺流程	技术要求
原料选择	选择新鲜、黄肉桃或白色果肉桃品种、肉质坚硬、致密、成熟度由青转白或转黄时的果实为原料,剔除过熟、过青、有病虫害和腐烂果实
洗涤切分	用清水洗去桃果表面灰尘和果毛,沥干水分;用不锈钢刀,剖开两半,用挖核器挖除果核及近核处红色桃肉,再将桃片切口向下扣在输送带上进行淋碱去皮,最后用流动的清水和 1% 盐液冲洗果面残留的碱液
护色浸硫	将洗去碱液的果片放入 1% 的食盐水中护色后,再将果块放入浓度为 0.2%～0.3% 的食盐溶液中浸泡 1～2 小时,破坏其酶的活性,使桃果肉变为黄白色或白色
糖液腌制	配制浓度为 30% 的糖液,煮沸后加入 0.2% 的柠檬酸,将桃片浸渍 12 小时后捞出,再浸泡于浓度为 40% 的糖液中 10 小时左右,使桃片吸糖饱满;将糖渍的桃片放进夹层锅,倒入浓度为 50% 的糖液煮沸;然后浇入浓度为 50% 的冷糖液,再煮沸,继续再加入 50% 浓度的冷糖液,如此反复 2～3 次,至果面出现小裂纹时,分 2～3 次加入干砂糖,加干砂糖的总量为锅中桃片量的 1/3 左右,煮至桃片透明即可捞出

续表 5-72

工艺流程	技术要求
焙烤整形	将桃片沥干糖分,放到筛盘上,送入烤房,焙烤20小时,温度控制在 60℃～70℃,烤至不粘手为止,然后对桃片进行整形
包装	按产品规格要求称重包装,一般每袋 0.25 千克或 0.5 千克,使用复合塑料薄膜袋包装,然后再装入纸箱

(2)质量要求　优质桃脯色泽为浅黄色或乳黄色,呈扁圆形,半透明,形态丰满完整,块形均匀;无返砂结晶,不黏手,具有桃脯应有风味;含糖量在 65% 左右,含水量达 18%～21%,每千克含硫量不超过 20 毫克(以二氧化硫计)。

19. 加应子

(1)加工技术　加应子焙烤加工技术见表 5-73。

表 5-73　加应子焙烤加工技术

工艺流程	技术要求
选料清洗	选择果实充分膨大、成熟度在七八成(即硬熟)、新鲜、无病虫害、无霉烂的李子为原料,用清水洗去泥沙、杂质,沥干水分备用
去皮腌制	每100 千克鲜果用粗食盐 10～12 千克,将粗盐和李子置于细缝箩筐内摇摆翻动,擦破李子的表皮,使盐分渗入果肉,再以一层鲜果一层盐在缸内加压腌制,经 20 天后取出,滤去盐水,即成干胚;若大批量生产,可用摇李机进行半机械化处理,摇李机的转速以 330～350 转/分为宜,每次加入李子 25～30 千克,草木灰 100～150 克,摇转5～10分钟,待果皮轻度擦破,即可取出,用清水冲洗干净,薄摊晒干,至果实转为棕色,就可以入池腌制

续表 5-73

工艺流程	技术要求
控水脱盐	腌制 20 天后,选择晴朗的天气捞出果胚,将其置于竹席上,暴晒 1～2 天,晒时果胚不要重叠,并经常翻动,使果胚全部晒到阳光,果胚含水量达 33%～35%时,即可收进仓库堆放,以使果中水分分布均匀;按果胚大小进行分级,再将果胚放入清水中漂洗去盐,洗至略带咸味为止
配料糖渍	按 100 千克李胚配用砂糖 50 千克、甘草 10 千克、茴香 800 克、桂皮 1 千克、橘皮油 200 克、柠檬酸适量进行配料。先将甘草、茴香、桂皮煎成浓汁,加适量砂糖配制 60%的浓糖液,再将果胚放入糖液中浸泡 2～3 天;然后,将果胚同糖液一起倒入锅内加热煮沸,煮至果肉熟透而不软烂出锅,趁热重新倒入缸内继续浸泡 5～7 天,让果胚继续吸足糖液,然后沥去糖液,进行焙烤
焙烤包装	将果胚放到烤盘上,送进烤房焙烤,温度控制在 55℃～60℃,烤至七成干时,拌入橘皮油调味即可,成品要逐粒包装,先用糯米纸包裹,外面包上 0.01 毫米厚的低压聚乙烯薄膜,然后称量装入食品袋,再装进纸箱

(2)质量要求 优质加应子色泽发亮,肉质细致,软硬适中,酸甜适度,香味浓郁,无异味;含糖量达 58%～63%,七成干。

20. 蜜奈片

(1)加工技术 蜜奈片焙烤加工技术见表 5-74。

表 5-74 蜜奈片焙烤加工技术

工艺流程	技 术 要 求
选料、配料	选用成熟、新鲜、果皮黄绿色、果大、肉厚、质脆奈果为原料,剔除病虫果、霉烂果,也可利用落果、疏果下来的果作为原料;配料:鲜奈果 165 千克、白砂糖 56 千克、饴糖 10 千克、石灰 2 千克
切分硬化	用不锈钢刀将奈果一分为二,然后纵切成许多薄片,每片厚约 0.2 厘米,切片时不能切断,以免果肉离核;之后将奈果片浸入石灰水中(将清水 120 千克、干净石灰 2 千克)浸泡 3~12 小时,每隔 1~2 小时翻动一次
漂洗烫煮	奈果经硬化处理后,将其从石灰水中捞出,用流动清水漂洗 24 小时,至果肉无石灰味为止;把漂洗的奈果片放入沸水中烫煮,至果实转黄、果皮柔软而有弹性时捞出,迅速放清水中冷却,冷却 30 分钟,捞出沥干水分
糖液腌制	先将 12 千克白砂糖加水 12 千克,加热溶解成浓度为 50% 的糖液,然后倒入沥干的奈果片,上下翻动搅拌,经 30 分钟后捞出;在原糖液中再加入 15 千克白砂糖,待溶解后(可稍加热),将糖液再倒入盛奈果片的缸内,静置糖渍 5~6 小时,再滤出糖液并加入白砂糖 18 千克,加热溶解后仍倒入存放奈果片的缸内,并经常搅动,经 1 天后捞出,然后将浸果剩下糖液过滤煮沸,将奈果片倒入糖液中煮 10 分钟;把 10 千克饴糖用清水调匀,连同剩下的 11 千克白砂糖一起倒入锅中,煮约 1.5 小时,当糖液温度达到 107℃~110℃时,即可捞出,此时糖液浓度约为 80%

续表 5-74

工艺流程	技术要求
烤干包装	将糖渍后的蜜柰片置于烤盘上,送进烘房,以 50℃ 烤 2～3 小时,至八成干时取出;最后称量装入食品袋密封

(2)质量要求 优质蜜柰片柔软而带弹性,表面富有光泽,含糖量达 65% 左右。

21. 话梅

(1)加工技术 话梅焙烤加工技术见表 5-75。

表 5-75 话梅焙烤加工技术

工艺流程	技术要求
原料选择	选择新鲜、无霉烂、无病虫害、无机械损伤、成熟度为八九成的梅果为原料,剔除病虫果、霉烂果、机械损伤果,用清水洗净果面泥沙、污物,并沥干水分
腌制	每 100 千克梅果用 16～18 千克食盐腌制,以一层果一层食盐,最上层加盐封口,用重物压实,腌制 30 天,中间翻动 2～3 次,使盐分渗透均匀后捞起
脱盐干燥	将梅胚用清水漂洗,脱去盐分,捞起,沥干水分,在烈日下晒至半干
调味腌制	取甘草 3 千克、肉桂 0.2 千克、水 60 千克混合煮沸浓缩至 50 千克;经澄清过滤,取浓缩汁一半,加砂糖 20 千克制成甘草糖浆;取脱盐梅胚 100 千克置于缸中,加入热甘草糖浆,腌制 12 小时,腌制期间要经常上下翻动,使梅胚充分吸收甘草糖液;然后捞出晒至半干;在原缸中加进 3～5 千克糖和原先留下的甘草浓缩液,调匀煮沸,将半干的梅胚入缸再腌 10～12 小时

续表 5-75

工艺流程	技术要求
烤干包装	腌制出缸后,将梅胚放在烤盘上,送入烤房,以 50℃ 温度,烤至七成干时出房;待梅胚吸干料液后,使用复合塑料薄膜袋密封包装,再装进纸箱

(2)质量要求　优质话梅呈黄褐色或棕色,果形完整,大小基本一致,果皮有皱纹,表面略干;甜、酸、咸适宜,有甘草或添加香料的味;含糖量为 30%左右,含盐量为 3%,含酸量为 4%,水分含量为 18%～20%。

22. 桂花橄榄

(1)加工技术　桂花橄榄焙烤加工技术见表 5-76。

表 5-76　桂花橄榄焙烤加工技术

工艺流程	技术要求
选料处理	选择无霉烂、无病虫害、无损伤、色泽转黄、富有香气的新鲜长形橄榄为原料;用擦皮机去除橄榄表皮蜡质层,使用清水漂洗干净,沥干水分;用 15%浓度的盐水将橄榄腌制 24 小时,捞出沥干,日晒至含水量为 15%时,即成为橄榄咸胚
配料	取果胚 100 千克、红糖 20 千克、白砂糖 20 千克、桂花 2 千克、甘草粉 1 千克、茴香 500 克左右配料;将配方中的甘草粉、茴香加入 2 千克水放入锅中煮沸 1～2 小时,然后滤去料渣,加入白砂糖、红糖各 50%,熬煮、过滤待用

续表 5-76

工艺流程	技术要求
糖液渍制	用清水洗涤果胚,洗去大部分盐分,并浸泡 12 小时,再倒入锅内煮沸,沥干水分,将果胚倒入缸中,再放入上面配制的糖液,浸渍 12 小时;之后将果胚、糖液倒进锅内,添加 25％红、白糖煮沸 30 分钟,随后再倒进缸内,浸渍 24 小时,然后添加余下 25％的红、白糖,浸渍 4～5 天
烤干成品	待橄榄吸足糖分后,将其置放入烤盘内,入烤房以 50℃烤至八成干燥时,撒入桂花,继续烤至汁液能拉成丝即可;然后按照果粒大小分级,称重装入食品袋中

(2)质量要求　优质桂花橄榄色净,质脆嫩,皮纹细,气味芳香。

23. 九制陈皮

我国南方盛产柑橘类水果,可利用其果皮精制成九制陈皮。九制陈皮属甘草制品,色泽黄褐,片薄均匀,甜、咸、香、辛味,可生津止渴,理气开胃。

(1)加工技术　九制陈皮焙烤加工技术见表 5-77。

表 5-77　九制陈皮焙烤加工技术

工艺流程	技术要求
选料处理	选用新鲜、橙黄色的甜橙和香橙等品种,剥皮,取果皮的最外层(橘黄层)为原料;用特制刨刀刨下橙皮最外层片状不规则圆形的小皮,俗称金钱皮

续表 5-77

工艺流程	技 术 要 求
配料渍制	将 100 千克橙皮和 50 升梅卤(腌梅子的卤水)一起放入缸内浸渍,经过 48 小时后,捞出橙皮,在沸水中烫漂 2 分钟后,立即在自来水中漂洗冷却,漂洗时间为 24 小时;漂洗后,将橙皮沥干水分,再分别取 50% 原料质量的食盐和 30% 原料质量的梅卤对橙皮进行盐渍,盐渍 20 天左右,捞出干燥,即成橙皮胚
脱盐调味	将橙皮胚用清水浸泡,每 5 小时换一次水,直至咸味变淡;然后取 6 千克甘草加水 30 千克加热煮制,煮到剩余 25 千克甘草水,再加入 20 千克白砂糖加热溶解;之后将橙皮胚加甘草水在水缸中浸渍 2 小时,使其脱去咸味
焙烤包装	脱咸后将橙皮胚送入烤房,以 50℃~60℃焙烤 4~6 小时,待干燥后加入原汁浸渍,再烤干,可重复多次;然后加入成品总质量 1% 的甘草粉,均匀地拌到陈皮上,便得制得九制陈皮;成品用聚乙烯塑料袋密封包装

(2)质量要求　优质九制陈皮色泽均匀,柑橘香气突出,甜酸味适口,咸淡适宜,无杂质。

24. 苹果脯

(1)加工技术　苹果脯焙烤加工技术见表 5-78。

表 5-78　苹果脯焙烤加工技术

工艺流程	技 术 要 求
原料选择	选用果形端整、个大、果心小、肉质疏松、成熟度为八九成、无病虫害、无霉烂的苹果为原料,可选用富士、倭锦、红玉、国光等

续表 5-78

工艺流程	技术要求
清洗处理	根据果实大小、色泽、成熟度、形状进行分级,然后放在清水中清洗浸泡;清洗干净的苹果用手工或机械削去果皮,将苹果对半切开,用挖核器挖去果核
护色硬化	配制 0.3‰食盐与 0.1‰的石灰混合溶液,将苹果片放在混合液中浸泡 4～8 小时进行硬化处理;浸泡后捞出,放在清水中漂洗 2～3 次,沥去水分备用
糖液渍制	在夹层锅内配制 40%的糖液 25 千克加热煮沸,将漂洗干净的果胚 60 千克倒入夹层锅中,加热煮沸后,添加上次浸渍剩余糖液 5 千克,重新煮沸,如此反复进行 3 次,共需 30～40 分钟,此时果块表面出现裂纹,果肉软而不烂;之后再进行六次加糖煮制:第一、第二次各加糖 5 千克;第三、第四次各加糖 5.5 千克;第五次加糖 6 千克,以上各次加糖后重新煮沸,每次相隔 15 分钟;第六次加糖 7 千克,煮沸 20 分钟,糖液浓度达 42°波美,整个煮制时间为 1～1.5 小时,果块呈浅褐色透明时,可以出锅
沥液焙烤	趁热连同糖液倒入缸内浸渍 2 天左右,待苹果出现透明状、果肉吸糖均匀时,即可取出,沥去糖液;然后将沥去糖液的果片胚排放在烤盘上整形,送入烤房,在 60℃～70℃温度下焙烤 18～24 小时,到果肉饱满稍带弹性,表面不粘手时即可取出。通过整修,剔除不合格的产品,用手捏成扁圆形即可包装上市

(2)质量要求 优质苹果脯呈浅黄色或金黄色,呈透明状,有

弹性,不返砂,不流糖;甜酸适度,具苹果风味;糖含量为 65%～70%,含水量为 18%～20%。

25. 梨脯

(1)加工技术　梨脯焙烤加工技术见表 5-79。

表 5-79　梨脯焙烤加工技术

工艺流程	技术要求
选料处理	挑选形状大小整齐、肉质厚、石细胞少、八成熟、无病虫害、无霉烂,无斑疤的果实为原料,用清水洗净梨果表面泥沙、污物,沥干水分;用手工或旋皮机进行去皮,去皮后将果立即浸入 1% 盐水中护色,再用不锈钢刀将梨纵切两半,用去心器挖去籽巢和果核
硫气熏蒸	用浓度为 2% 的食盐溶液浸泡梨果块 15～20 分钟后,用清水漂洗干净,捞出沥干水分,装入竹匾,送进熏房,按 1000 千克梨块用硫黄粉 3 千克的量进行熏蒸 4～8 小时
糖液渍制	在夹层锅内配制浓度为 40% 的糖液,煮沸后将梨块倒入锅内煮沸 5～7 分钟,然后将梨块连同糖液倒入缸内糖渍 24 小时,再在夹层锅内配制浓度为 50%～60% 的糖液,将梨块从缸中捞出倒入锅内,沸煮 10～15 分钟后,将梨块和糖液一起倒入缸中浸渍 24 小时
整形焙烤	将糖渍后的梨块胚料沥去糖液,逐个压扁,放在烤盘上,注意不能叠得太厚;将烤盘送入烤房,用 50℃～60℃ 的温度焙烤 24～36 小时,烤至不粘手即可

(2)质量要求　优质梨脯呈浅黄色半透明,块形丰满完整,横

径不小于 4 厘米,无破碎,不返砂结晶,质地柔韧细致,具梨应有风味和香气,无异味;含糖量为 68%,含水量为 17%~20%。

26. 杏脯

(1)加工技术　杏脯焙烤加工技术见表 5-80。

表 5-80　杏脯焙烤加工技术

工艺流程	技术要求
原料选择	选择八成熟皮色橙黄、肉厚、质地硬而韧、大小一致、果形整齐的新鲜大黄杏为原料
洗涤浸硫	用清水将杏果漂洗干净,也可用稀盐酸或高锰酸钾溶液浸泡,然后用清水清洗干净,沥干水分;切半去核后,将杏果放在浓度为 0.3%~0.6% 的碱液中浸泡 1 小时,捞出用清水冲洗干净
糖液腌制	杏肉水分较多,细胞壁薄,组织细密,糖液渗入较难,故需多次糖煮、糖渍。第一次糖煮、糖渍:将杏果投入糖浓度为 40% 溶液中煮沸 10 分钟,待果面稍膨胀、出现大气泡时,即倒入缸内糖渍 12~24 小时,糖渍时,糖液要浸入果面;第二次糖煮、糖渍:将上次糖渍的糖液加入白砂糖制成浓度为 50% 的糖液,加入第一次糖渍的杏果,煮制 2~3 分钟后,糖渍,然后捞出沥去糖液,放到帘或匾中晾晒,使杏凹面向上,让水分自然蒸发,当杏失重 1/3 时,进行第三次糖煮:将糖浓度调为 65%~70%,煮制 15~20 分钟后,糖渍 24 小时,最后捞出杏果,沥干糖液
焙烤干燥	将沥干糖液的杏果放在烤盘中送入烤房,在 60℃~65℃ 下焙烤 36~48 小时,烤至杏肉表面不粘手并富有弹性为止,为防止焦化,焙烤温度不要超过 70℃,并不时翻动果肉

续表 5-80

工艺流程	技 术 要 求
整形包装	烤干的杏片须进行整形,即将杏碗捏成扁圆形的杏脯,堆放在一起,使杏脯干湿均匀;包装时先装入食品袋,再装入纸箱内,并放通风干燥处贮藏

(2)质量要求　优质杏脯呈淡黄色或橙黄色,色泽较一致,半透明,组织饱满,果块大小一致,质地软硬适度,具有杏的风味,无异味;含水量为 18%～22%,含糖量为 60%～65%。

27. 猕猴桃脯

(1)加工技术　猕猴桃脯焙烤加工技术见表 5-81。

表 5-81　猕猴桃脯焙烤加工技术

工艺流程	技 术 要 求
原料选择	选用成熟度八成左右的中华猕猴桃果实,要求无病虫害、无霉烂、无过青或过熟,用清水洗去猕猴桃表面尘土后,沥干水分
浸煮搓皮	将猕猴桃倒入浓度为 18%～25% 的碱液中浸煮 1～1.5 分钟,温度保持 90℃ 以上,并轻轻搅动果实,使其充分均匀接触碱液,当果皮变成蓝黑色时立即捞出,手戴橡皮手套轻轻搓去果皮,并用清水冲洗干净,倒入 1% 的盐酸溶液中护色
护色硬化	将猕猴桃两头花萼、花梗蕊切除,然后纵切或横切成 0.6～1 厘米厚的果片,切片要求厚薄基本一致;将果片放入浓度为 0.3% 亚硫酸盐和 0.2% 氯化钙混合溶液浸泡 1～2 小时

续表 5-81

工艺流程	技术要求
糖液腌制	将果片捞出用清水漂洗,并沥干水分,放入 30% 的糖液中煮沸 4~5 分钟,再放入冷糖中浸渍 8~24 小时后,移出糖液,补加糖液重 15% 的白砂糖,加热煮沸后倒入原料进行糖渍,8~24 小时后移出糖液,再补加糖液重 10% 的白砂糖,加热煮沸后回加原料中,利用温差加速渗糖,经几次渗糖,达到所需含糖量为止
焙烤包装	将果片取出沥干糖液,铺放在烤盘上,在 50℃~60℃下焙烤 18~20 小时,焙烤后期以手工整形,将果片捏成扁平,继续烤至不粘手即可,焙烤中注意翻盘和翻动果片使其受热均匀;然后按果片色泽、大小、厚薄分级,用 PE 袋或 PA/PE 复合袋包装

(2)质量要求 优质猕猴桃脯果片呈淡绿色或淡黄色,色泽较一致,半透明,有光泽,果块大小较一致,厚薄较均匀,质地软硬较适度,具猕猴桃应有风味和香气,无异味;含糖量为 50%~60%,含水量为 18%~20%。

28. 樱桃脯

(1)加工技术 樱桃脯焙烤加工技术见表 5-82。

表 5-82 樱桃脯焙烤加工技术

工艺流程	技术要求
原料选择	选用九成成熟度、新鲜饱满、个大肉厚、风味浓、汁少、色浅、无病虫害、无霉烂、无机械损伤的果实为原料

续表 5-82

工艺流程	技术要求
后熟处理	樱桃宜傍晚采收,采收时防止雨淋,在室温下摊放在竹席上后熟一夜,以便果核与果肉分离,但切忌堆放过厚引起发热,影响制品质量
捅出果核	经过后熟,果核已与果肉分离,可用捅核器(用针在筷子上绑成等边三角形,内径约为樱桃直径的80%),捅出果核,注意尽量减少捅核的裂口,保持果实完整
脱色烫漂	将去核的樱桃浸入 0.06% 的碱液浸泡 8 小时,脱去表面红色,对红色较重的樱桃,脱色时间可适当延长;将脱色樱桃用清水漂洗后放入 25% 糖液中预煮 5～10 分钟,随即捞出,放入 45%～50% 的冷糖液中浸泡 12 小时左右
糖液渍制	将糖液浓度调制为 60%,并加适量柠檬酸煮沸,放入樱桃,用文火糖煮,煮沸时要使糖液充分渗透到果实内,把水分替换出来,熬至半透明状即可,糖煮时间大约 30 分钟;将煮制好的樱桃果连用糖液一起倒入缸内,糖渍 1～2 天,然后捞出果实,沥净糖液
焙烤包装	把糖渍好的樱桃置放到烤盘上,送入烤房烤制,烤房温度保持60℃～65℃,烤制 7 小时,冷却后即为成品;包装时剔除杂物和破碎果,按果实色泽、大小、形态分级包装

(2)质量要求　优质樱桃脯色泽金黄,大小一致,有透明感和光泽,果实完整,破碎率不超过 5%,组织饱满,质地柔软,酸甜适口,有原果风味,无杂质;含糖量达 70%,含酸量达 0.7%(以柠檬酸计),含水量达 17%～20%。

主要参考文献

[1]本社编．中国传统名产[M]．福州：福建科学技术出版社，1984．

[2]国荣洲．佐餐的典故[M]．福州：福建科学技术出版社，1986．

[3]马美湖．现代农产品加工学[M]．长沙：湖南科学技术出版社，2001．

[4]岑宁，等．猪产品加工新技术[M]．北京：中国农业出版社，2002．

[5]丁湖广．乡镇致富项目技术手册[M]．北京：金盾出版社，2002．

[6]谢庆源．时尚小茶点[M]．广州：广东人民出版社，2010．

[7]彭亚锋，等．焙烤食品检验技术[M]．北京：中国计量出版社，2010．

[8]丁湖广，等．食用菌加工新技术与营销[M]．北京：金盾出版社，2011．

[9]杨延位．畜禽产品加工新技术与营销[M]．北京：金盾出版社，2011．

[10]黄林生，等．果品加工新技术与营销[M]．北京：金盾出版社，2011．

[11]邱澄宇．水产品加工新技术与营销[M]．北京：金盾出版社，2011．

[12]圆猪猪．巧厨娘妙手烘焙[M]．青岛：青岛出版社，2011．

［13］陈潇潇．新手烘焙入门［M］．福州：福建科学技术出版
    社，2011.

［14］陈夏娇，等．蔬菜加工新技术与营销［M］．北京：金盾出
    版社，2012.

［15］范妹岑．无添加纯手工烘焙［M］．杭州：浙江科学技术
    出版社，2012.